"十三五"国家重点出版物出版规划项目
面向可持续发展的土建类工程教育丛书

风力发电机组塔架与基础

王海军 著

机械工业出版社

本书对风力发电机组塔架与基础的事故进行了归纳分析，阐述了塔架的构造与基本要求、塔架的设计原则和荷载，重点阐述了锥筒式风力发电机组塔架和格构式钢管混凝土风力发电机组塔架的设计，并以锥筒式塔架为例，介绍了在动态风荷载作用下考虑风轮-塔架-基础耦合作用的有限元分析方法，最后介绍了塔架基础设计。

本书可作为风力发电机组塔架和基础研究、设计和施工从业人员的参考书，也可作为高等学校土木工程类专业相关课程的参考资料。

图书在版编目（CIP）数据

风力发电机组塔架与基础/王海军著. —北京：机械工业出版社，2021.1（2023.6重印）

（面向可持续发展的土建类工程教育丛书）

"十三五"国家重点出版物出版规划项目

ISBN 978-7-111-67154-1

Ⅰ.①风… Ⅱ.①王… Ⅲ.①风力发电机-发电机组-研究 Ⅳ.①TM315

中国版本图书馆 CIP 数据核字（2020）第 257498 号

机械工业出版社（北京市百万庄大街 22 号 邮政编码 100037）

策划编辑：马军平 责任编辑：马军平

责任校对：陈 越 张 薇 封面设计：张 静

责任印制：李 昂

北京捷迅佳彩印刷有限公司印刷

2023 年 6 月第 1 版第 2 次印刷

184mm×260mm · 10.5 印张 · 256 千字

标准书号：ISBN 978-7-111-67154-1

定价：69.00 元

电话服务 网络服务

客服电话：010-88361066 机 工 官 网：www.cmpbook.com

010-88379833 机 工 官 博：weibo.com/cmp1952

010-68326294 金 书 网：www.golden-book.com

封底无防伪标均为盗版 机工教育服务网：www.cmpedu.com

前　言

在 2020 年第 75 届联合国大会一般性辩论上，我国提出要争取在 2060 年前实现碳中和。风能作为具有可持续性和再生性的清洁能源，在碳中和规划中占有重要地位。21 世纪以来，我国风力发电的累计装机容量和单机容量迅猛发展，进入大功率机组时代，单位电量总成本在降低，而塔架与基础在总成本所占比例在升高，陆上风力发电机组约为 15%，海上风力发电机组能达到 30%。

风力发电机组的大功率化发展导致了风轮、塔架和基础的大型化，对塔架和基础的性能提出了更高要求。塔架受力复杂，海上机组还受洋流、波浪、冰等作用的影响，形成了复杂的结构响应。因机组制造、施工和劣化等引起的事故时有发生，其中因塔架与基础导致的事故居首，造成了很大的经济和人员损失。

本书首先对风力发电机组塔架与基础的事故进行归纳分析，阐述塔架的构造与基本要求、塔架的设计原则和荷载；然后重点介绍锥筒式风力发电机组塔架和格构式钢管混凝土风力发电机组塔架结构的设计法，并以锥筒式塔架为例，介绍在动态风荷载作用下考虑风轮-塔架-基础耦合作用的有限元分析方法；最后介绍塔架基础设计。

本书的编写参考了国内外的有关文献，在此向文献作者谨致谢忱！

由于作者水平有限，书中不足之处恳请广大读者批评指正。

作　者

目　录

第1章 绪 论

　　风能作为具有可持续和可再生的清洁能源而受到世界各国的重视和青睐，具有广阔的发展前景。风力发电是风能利用的主要形式，1891 年丹麦气象学家 Paul La Cour 制造了世界上第一台风力发电机，开辟了风力发电的新篇章。

　　21 世纪以来，风力发电装机容量有了突飞猛进的发展。截至 2019 年底，全球装机总容量达到 650558MW，如图 1-1 所示。我国风电发展速度高于全球平均水平，截至 2019 年底，累计装机容量为 230538MW，居世界前列，如图 1-2 所示。在 2020 年北京国际风能大会上，《风能北京宣言》发布，"十四五"期间我国年均新增装机 5000 万 kW 以上，2025 年后，我国风电年均新增装机容量不应低于 600 万 kW，到 2030 年至少达到 8 亿 kW，到 2060 年至少达到 30 亿 kW。

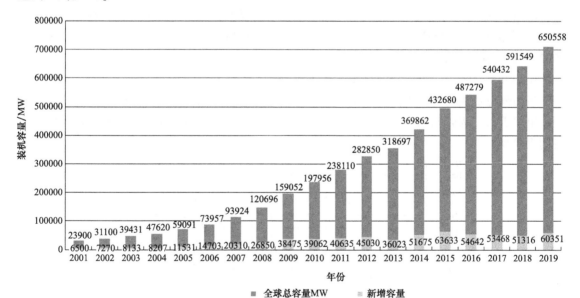

图 1-1　2001—2019 年全球风电装机容量

　　为了获取更多的风能，风力发电机组不断向大型化发展。单机容量的增大可以提高风能利用效率，降低单位发电量的成本，扩大风力发电场的规模效应，减少风力发电场的占地面积。风力发电机组的大型化使风轮直径达 80~100m，塔架高度达 120m，这对支撑塔架的受力性能提出了更高要求。塔架的受力环境复杂，如地形地貌、周围风力发电机组、复杂风

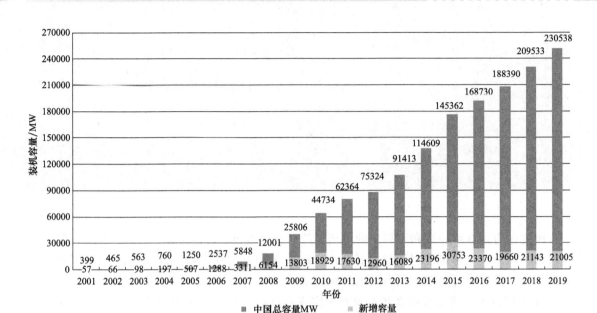

图 1-2　2001—2019 年我国风电累计装机容量

况、未知地震、结构耦合等，故塔架承受的荷载更大，内力工况更多，动力学效应更加复杂，形成了更为复杂的结构响应。

一般来说，风力发电机组运行 5 年后才是对整机和零部件质量的真正考验。随着机组投产时间的推移，制造和施工质量问题导致的事故不断爆发，造成了巨大的经济损失。相关数据统计见表 1-1，全球每年发生的风力发电机组事故 1995—1999 年年平均 16 起，2000—2002 年为 39 起，2003—2006 年为 69 起，而 2007—2009 年，每年平均高达 121 起，年均事故发生率几乎每隔几年翻一番，如图 1-3 所示。

风力发电机组出现的典型事故包括：风力发电机组倒塌，风力发电机组叶片、主轴断裂，电机着火，齿轮箱损坏，控制失灵及飞车等。以下是近年来发生的一些典型风力发电机组倒塌事故。

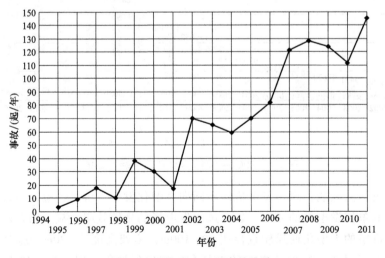

图 1-3　风力发电机组事故统计

表 1-1　风力发电机组事故数统计

年份	1970—1979	1980—1989	1990—1994	1995—1999	2000	2001	2002	2003	2004	2005	2006	2007	2008	2009	2010	2011
事故数/起	1	9	17	81	30	17	70	65	59	70	82	121	128	124	112	144
年平均/起			3	16			39				69				121	

■ 1.1　典型风力发电机组倒塌事故实例

1. 英国 Vestas 风力发电机组倒塌

2010 年 12 月 28 日，位于英国 Scotland 的风力发电机组因遭遇 23m/s 的强阵风而发生倒塌，如图 1-4 所示。该风力发电机组是由 Vestas 制造的 850kW 的 V52 型，已经运转了 19 年，即将达到 20 年设计寿命。而在 11 月 8 日，已有同公司生产的运转 6 年的 660kW V47 型风力发电机组倒塌事故发生。

图 1-4　英国 Vestas 的 V52 型风力发电机组倒塌

2. 日本宫古岛风场的风力发电机组事故

2003 年 9 月 11 日，日本冲绳遭遇 30 年一遇的 14 号台风袭击，该台风的最大风速为 38.4m/s，瞬时风速达 74.1m/s。宫古岛风电场有 6 台风力发电机组，是按抗风速 60m/s 设计的。1 号机组因基础破坏而倒塌，3 号和 5 号机组因入口上部钢板局部屈曲而倒塌；2 号和 6 号机组叶片破损；4 号机组齿轮箱损坏，如图 1-5 所示。

3. 日本青森县东通村屋岩风力发电场事故

2007 年 1 月 8 日，日本青森县遭遇台风袭击，当时该台风的最大瞬时风速为 25.8m/s，10min 平均风速为 19.3m/s。东通村风力发电场的 25 台 1.3MW 风力发电机组中，11A 号机组因基础破坏而倒塌，基础与塔筒（68m 高）相接的 64 根直径为 19mm 的钢筋全部被拉断，而外围钢筋没有被拉断，如图 1-6 所示。

4. 2008 年我国台湾台中港区高美湿地的 2 号机组在台风"蔷蜜"吹袭下倒塌

2008 年 9 月 28 日，我国台湾台中遭遇台风"蔷蜜"袭击，10min 平均风速为 56m/s。台中港区高美湿地共有 18 座风力发电机组，其中 2 号机组在台风"蔷蜜"吹袭下倒塌，

a)

b)

图 1-5　日本宫古岛风力发电场的破坏

a）倒塌的 1 号机组和 3 号机组　　b）叶片折断的 2 号机组和 6 号机组

图 1-6　日本青森县东通村风力发电场的机组倒塌及基础施工

65m 高的塔身断成 4 节，17.3m 的下段仍固定在基座上，中、下段的 128 只法兰连接螺栓断裂，如图 1-7 所示。事故原因分析发现，螺栓强度符合设计要求，没有偷工减料问题，设计最大瞬时风速为 70m/s，高于当时风速，估计是遭遇一股紊流，造成像风切的破坏。

图 1-7 台中港区高美湿地的 2 号机组
在台风"蔷蜜"吹袭下倒塌

5. 山西左云项目的风力发电机组倒塌事故

2010 年 2 月 1 日，山西左云风电项目的 43 号机组发生了倒塔事件，塔筒中段、上段、风力发电机组机舱、轮毂顺势平铺在地面上，塔筒上段在中间部分发生扭曲变形。发电机摔落在地，且全部摔碎，齿轮箱与轮毂主轴轴套连接处断裂，齿轮箱联轴器破碎，叶片从边缘破裂，大量填充物散落在地面上，如图 1-8 所示。

图 1-8 山西左云 43 号机组的倒塌

倒塌的风力发电机组在通过了 240h 的现场验收后才运行了两个月左右时间。2010 年 1 月 20 日，维护人员进行"风力发电机组叶片主梁加强"工作，期间因风大不能正常进入轮毂工作，2010 年 1 月 27 日工作结束。28 日 10 时 20 分，常规维护人员就地起动风力发电机组，到 1 月 31 日 43#机组发出"桨叶 1 快速收桨太慢"等多个报警，2 时 27 分发"震动频带 11 的震动值高"报警，并快速停机。8 时整，风力发电机组缺陷管理人员通知常规维护负责人，18 时整，常规维护人员处理缺陷完毕后就地复位并启动。在 2 月 1 日 3 时 18 分，机组在接近满发时无任何报警的情况下倒塌。倒塌的塔筒法兰的破坏如图 1-9 所

图 1-9 倒塌的塔筒法兰的破坏

示。事故发生后，对事故原因进行了调查，主要原因有：塔筒所用法兰的低温冲击韧性达不到国标的要求；施工单位没有按照要求对螺栓力矩施工，机组的塔筒连接螺栓大部分力矩不足，有些螺栓用手就可拧动。

事故发生后，对其他机组停机并进行了外观、内部的全面检查。3 月 4 日发现二期 61 号机组中下塔筒法兰连接螺栓 125 根中的 48 根断裂，其中有 2 套呈弯断形态，在螺栓未断裂面的法兰与焊缝间有长度为 1.67m 的裂缝，如图 1-10 所示。由此可见，连接处可能存在以下缺陷：①塔筒法兰本体材质缺陷；②塔筒法兰环锻造工艺缺陷；③塔筒法兰与筒壁间焊接缺陷；④螺栓质量缺陷；⑤现场使用的螺栓刚度过大等设计缺陷。

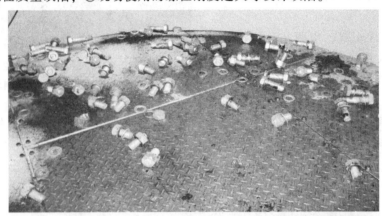

图 1-10　61 号机组塔筒法兰和螺栓的破坏

6. 福建漳浦六鳌大唐风力发电场被台风破坏

2010 年 10 月 23 日，第 13 号台风"鲇鱼"12 时 55 分在福建漳浦六鳌镇登陆，造成大唐的风力发电机组叶片折断，部分塔架倒塌，如图 1-11 所示。当时风速为 38m/s。

7. 内蒙古自治区通辽宝龙山风力发电场东汽风力发电机组烧毁事故

2010 年 1 月 24 日，通辽宝龙山风场，监控人员发现监控系统报警发电机超速，转速为 2700r/min，采取后台停机措施，但高速轴刹车未能抱死刹车盘，值班人员立即将集电线路停电，风力发电机组立即停止了转动。在短暂的停机后，机组的叶片又再次发生原因不明的转动，并随着风速的不断增大叶轮快速转动，转动时出现火花导致轮毂着火。火势蔓延到机舱，将齿轮箱、发电机及其他大部分部件烧毁。事故导致第三节塔筒发生断裂，如图 1-12 所示。

事故的发生原因可能有：电机转速达到 2700r/min，导致联轴器飞车保护打滑，使发电机集电环、编码器损坏，导致飞车过热起火；刹车器出现磨损导致弹簧损坏，无法完全抱死

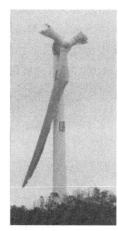

图 1-11　福建漳浦六鳌大唐风力发电场被台风破坏

刹车片。风力发电机组超速后手动停机，但机组控制系统出错，无法及时停机回桨。

8. 内蒙古自治区巴音锡勒和锡林郭勒盟风力发电机组燃烧事故

2010 年 4 月 2 日，在内蒙古自治区巴音锡勒，印度公司苏司兰生产的 1.25MW 风力发电机组着火燃烧。2009 年 7 月 14 日 10 时 20 分，内蒙古锡林郭勒盟风力发电机组着火，11 时 40 分，长 35m、重 6t 的第一片风

图 1-12　宝龙山风力发电机组倒塌事故

叶坠落，12 时 30 分、14 时 58 分后两片叶片分别落地。"轰"的一声扎到地面上后又倒下，引起整个叶片轰燃，如图 1-13 所示。发生事故的原因是液力耦合器中有过多的油脂，而不是产品本身或者设计上的瑕疵或者错误。

图 1-13　锡林郭勒盟风力发电机组事故现场

9. 甘肃瓜州连续大风造成某在建风力发电场机组倒塌事故

2010 年 8 月下旬，甘肃瓜州北大桥地区连续大风，造成某在建风力发电场的一台 1.5MW 机组发生倒塌事故，如图 1-14 所示。初步分析可能是安装时螺栓力矩出现问题，大风时螺栓承受剪力，且超过极限强度发生断裂；同时，不能排除螺栓本身存在质量问题。

图 1-14　甘肃瓜州某风力发电场机组倒塌事故

10. 浙江苍南风力发电场遭遇台风"桑美"，20 台机组受损

2006 年 8 月 10 日，第 8 号超强台风"桑美"袭击了浙江沿海，当日下午 5 点 25 分，"桑美"正面袭击苍南霞关，最高风力 19 级。浙江苍南风力发电场 28 台机组因此全部受损，其中 5 台机组机舱盖被吹坏，11 台机组叶片被吹断（图 1-15），5 台倒塌 [3 台 600kW 机组钢塔筒被折断（图 1-16），2 台刚完成吊装的 750kW 机组连同基础被拔出（图 1-17）]。

苍南风力发电场位于苍南霞关北约 10km、海拔 700~900m 的山坡上，处在"桑美"正面袭击的路径上。"桑美"是自 1956 年第 12 号台风以来我国遭遇的最强台风。被吹倒的测风仪留下的最后数据显示，山顶上风力发电场的瞬时风速达 81.1m/s，最大 10min 平均风速为 54.2m/s，最大 1min 平均风速为 72.2m/s，风速超过了设计极限值，大部分基础承受住了超载的考验。连根拔出的基础可能在设计和施工方面存在以下不安全因素：

1）基础环的底端在基础台柱和底板的分界面，没有伸入基础底板与扩展基础形成整体。

2）基础台柱和底板混凝土分两次浇筑，且没有采取可靠的缝面处理措施，缝面黏结质量差，影响了台柱与底板之间的整体性。

图 1-15　浙江苍南风力发电
场 11 台机组叶片被吹断

3）从拉断的基础台柱底部断面看，穿越台柱与底板之间的圆周向配筋太少，钢筋间距约为 60cm，进一步削弱了台柱与底板混凝土之间的整体性连接；台柱高度方向的配筋小且很少，钢筋间距约为 40cm，削弱了台柱本身的刚度。

4）混凝土级配和混凝土现场搅拌质量未达到规定要求。

图 1-16 浙江苍南风力发电场 3 台 600kW 机组钢塔筒被折断

图 1-17 浙江苍南风力发电场 2 台 750kW 机组基础被拔出

11. 某风力发电场在正常运行状况下的机组突然倒塌事故

某风力发电场同批次施工安装了 59 台 850kW 的机组，并经过了 72h 的试运行，2008 年

4月该风力发电场在正常运行情况下，1台850kW机组突然倒塌，塔筒底部基础环部分的钢筋从基础中完全拔出，如图1-18所示。倒塌时风速约为12m/s，处于风力发电机组的额定风速内。

图1-18　在正常运行中破坏的风力发电机组基础

事故原因分析表明，该风力发电机组基础部分可能存在以下不安全因素：

1）基础混凝土设计强度等级C30，事故后钻孔取芯试验得出的强度等级为C10～C25，基础混凝土实际强度等级偏低。

2）塔筒底部混凝土搅拌、振捣不均匀，断面反映出混凝土级配较差。

3）从断面看，基础可能不是一次性浇筑完成，存在施工冷缝，且因风沙天浇筑，缝面有沙土。

4）钢筋数量减少，长度不足。

5）胶凝材料用量和基础混凝土配合比可能不满足要求，塔筒底部（基础环）钢筋完整拔出，黏结质量有问题。

6）初期运行时机组振动较厉害，且倒塌的机组换过叶片，可能与上部结构及基础的刚度有关。

12. 其他事故

2010年1月24日，宁夏天净神州风力发电有限公司的一台东汽风力发电机组倒塌，这是2010年国内第一起风力发电机组事故。此后，华能通辽宝龙山风力发电场的东汽风力发电机组、辽宁凌河风力发电场的2台华锐风力发电机组、大唐左云风力发电场的风力发电机组先后出现倒塌。2010年5月，中国广东核电有限公司在吉林大安风力发电场的一台风力发电机组倾倒，症状及事故原因与前两起类似。2010年8月中旬，在甘肃酒泉又有一台华锐风力发电机组在调试中倒塌。

2003年9月2日，13号台风"杜鹃"在福建汕尾登陆，登陆时，台风中心附近最大风力达12级，登陆点附近某风力发电场风力发电机组测风系统测得最高风速为57m/s，25台机组中13台受到不同程度损坏，其中有9台机组各有一个叶片撕裂。

2006年5月18日凌晨，1号强台风"珍珠"穿过广东南澳岛，在澄海登陆，登陆时风力12级，受其影响，南澳岛某风力发电场3号机组测风系统瞬时风速达到56.5m/s，是南澳岛57年来经受的最强台风，多台风电机组受损。

2009年，纽约Firmer风力发电场1台GE1.5MW机组因基础环下方截断导致机组整体倒塌。

2019 年，美国 GE 公司的风力发电机组连续发生 5 次倒塌事故，5 月 21 日，位于美国俄克拉荷马州亨特附近的 Chisholm View 风力发电场一台型号为 GE2.4-107 的机组发生倒塌事故。调查表明，倒塌的主要原因在于风机重起过程出现问题，最终通过更新软件来解决。7 月 5 日，Upstream 200MW 风力发电场一台型号为 GE 2.5-116 的风电机组发生倒塌事故。倒塌形态基本相同（图 1-19）。

图 1-19　GE 的风力发电机组发生倒塌

风力发电机组事故不仅造成了巨额经济损失，影响了电网的安全，而且对环境产生了巨大威胁。因此风力发电机组塔架的安全设计已成为风电事业中急需解决的问题。

■ 1.2　典型风力发电机组倒塌事故分析

风力发电机组发生事故的原因很多，如：

1）雷击。雷击有时会造成叶片破坏，而叶片掉落过程中与塔架发生碰撞导致塔架倒塌；雷电有时直接击中风力发电机组塔架致其破坏；雷击也可能引发火灾导致支承体系破坏。

2）风力发电机组各种机械故障，导致叶片旋转速度失去控制，最终引起塔架倒塌。

3）各种极端气象条件（如台风等），可能导致叶片旋转速度失控，最终造成支承体系破坏。

4）施工过程中的突发事件或质量造成的机组破坏。

5）塔架的不合理设计造成的塔架倒塌。

总结下来，主要破坏形式有法兰破坏、塔筒局部屈曲、基础整体倾覆、基础环处破坏。

1. 法兰破坏

塔架一般采取塔筒分段制作、现场组装连接的方式，法兰是基础和塔筒、各段塔筒之间的连接部件。法兰一般采用锻造法兰，其螺栓紧固采用扭矩法拧紧。拧紧螺栓时，向紧固件输入能量，撤去拧紧力矩后螺旋副的自锁作用和螺母、螺栓头支承面与法兰板接触表面上的摩擦力可避免螺母的回弹。

在随机风荷载作用下，法兰螺栓承受拉、压循环作用。在拉、压交变荷载作用下，螺纹发生塑性变形导致应力松弛，进而导致螺栓预拉力衰减。螺栓预拉力衰减到一定程度引起螺母底面抗回弹扭矩减小，从而加剧螺母松动或引起螺栓连接预紧力减小或消失。螺栓预紧力的减小将恶化法兰的受力，降低结构承载力，甚至引发严重的结构安全事故。典型的法兰破坏如图 1-20 所示。

图 1-20　典型的法兰破坏

2. 塔筒局部屈曲

因飞车、超载、叶轮失衡、制造缺陷、维修不当等原因，造成局部钢板屈曲而倒塌，屈曲多发生在下部第一、第二节塔筒处，也有的发生在塔筒中部，如图 1-21 所示。

3. 基础整体倾覆

2002 年 10 月 28 日，强风暴过境德国西北部 Goldenstedt，导致 1 台 70m 高的风力发电机组基础脱离地基土，基础及上部结构整体倾覆，如图 1-22 所示。分析其原因有：设计上，可能存在整体设计不合理，或者设计的基础直径较小、埋深较浅，抗倾覆能力差；施工上，不按设计施工，存在偷工减料、质量低等问题。此外，对于地基土为砂土的浅埋基础而言，基础持力层含水量很容易受降雨、地表水等影响。当含水量升高时，持力层砂土的强度会有很大降低。有大风作用时，基础受压侧的土体结构会因抗压承载力不足发生破坏，变形急剧增大，进而引起机组的整体倾覆。

4. 基础环处破坏

基础环以下、底板以上区段内基础竖向钢筋要承受全部外力，此处为强度薄弱环节。此处破坏引起整体性倾覆的事故也时有发生，如图 1-23 所示。其破坏原因为：

1）在基础环范围内，因基础本身刚度很大，不产生裂缝；扭矩产生的裂缝会出现在基础环和底板之间，并在荷载长期作用下不断发展、贯通、增大、增深；裂缝的开展使水易于进入并产生冻融循环作用，使钢筋易于锈蚀，减弱混凝土的耐久性。

图 1-21　典型的塔筒屈曲破坏

图 1-22　典型的风力发电机组
基础整体倾覆

图 1-23　典型的风力发电机组基础因基础环处破坏引起的整体倾覆

2）基础环以下、底板以上区段内基础竖向钢筋要承受全部外力，施工时基础上部钢筋不易穿入基础环，导致混凝土对钢筋的锚固不足，易发生拔出性破坏。

第2章 塔架的构造与基本要求

塔架和基础是风力发电机组的主要承载结构，要承受机舱重力、风轮作用及风荷载作用在塔筒上的弯矩、剪力、扭矩等，还要承受风轮引起的振动荷载。塔架的重量占风力发电机组总重的50%左右，塔架与基础的造价占风力发电机组造价的15%~50%。目前，我国已经发布了有关标准，如《风力发电机组 塔架》(GB/T 19072—2010)、《风电机组地基基础设计规定》(FD 003—2007) 等。

■ 2.1 塔架的结构形式

常见的塔架结构形式有锥筒或棱筒式、桁架式、拉索桅杆式、三角式和混凝土式等，如图2-1所示。下风向布置的风力发电机组多采用桁架式塔架，它由钢管或角钢焊接，断面为正方形或者多边形。上风向布置的大型风力发电机组通常采用锥筒式塔架，这种塔架由钢板卷制或轧制焊接而成，形状为上小下大的几段圆筒（或棱筒）或锥筒，一般每段20~30m，中间用法兰连接而成。塔架由底向上直径逐渐减小，整体呈圆台状，因此也称为圆台式塔架。锥筒式塔架相对于桁架式塔架制作工艺简单，安全性能好，而且维修比较方便，所以应用很广泛。现阶段使用较广泛的兆瓦级风力发电机组大多采用锥筒式塔架。

图2-1 风力发电机组塔架的类型

桁架式塔架制造简单、成本低、运输方便，但也存在通向塔顶的上下梯子不好安排、上下时安全性差等缺点。钢筋混凝土塔架在早期风力发电机组中多有应用，如福建平潭55kW

风力发电机组（1980年）、丹麦Tvid 2MW风力发电机组（1980年），但随着风力发电机组大批量生产，逐渐被更易于批量生产、预制的钢结构塔架所取代。近年来，随着风力发电机组容量的增加，塔架的体积增大，存在超高超大的钢塔架运输难、施工难等问题，因此在结构形式和材料方面出现了新型的塔架，如一些更大功率机组的塔架（如5MW的塔架）采用钢管混凝土式或混合式，混合式的底部采用混凝土结构形式，上部采用钢锥筒式。

■ 2.2 塔架的细部构造

塔架包括塔筒、法兰、塔门等部分。塔筒内部主要包括安装维护用平台、爬梯、电缆固定架、塔底外部走梯、安全绳及固定点（或刚性防坠落导轨）、安全护栏、减振箱、照明灯具、底部电控设备、消防设施、防雷设施、人员（货物）提升设备等，还包括与塔体焊接的平台支耳、爬梯支耳等。风力发电机组塔架的内部构造如图2-2所示。

塔筒内部设施的设计必须符合《机械安全　进入机械的固定设施　第1部分：进入两级平面之间的固定设施的选择》（GB 17888.1—2008）、《机械安全　进入机械的固定设施　第2部分：工作平台和通道》（GB 17888.2—2008）、《机械安全　进入机械的固定设施　第3部分：楼梯、阶梯和护栏》（GB 17888.3—2008）和《机械安全　进入机械的固定设施　第4部分：固定式直梯》（GB 17888.4—2008）。

图2-2　风电机组塔架的内部构造

1. 平台

为了安装相邻段塔筒、放置部分设备和便于安装维护内部设施，保护设备和人员的安全，塔筒中每层法兰处和必要的地方都需设置安装维护用平台。塔筒连接处平台距离法兰配合面1.4m左右，以方便安装塔筒连接用高强螺栓等操作。在塔筒进门处应该设置一个基础平台，如图2-3所示，平台的高度应与塔门底部相等，为达到防滑的目的，平台一般都是由4mm或6mm花纹钢板制成，圆板上有相应的电缆固定桥、爬梯或提升设备运行通道，并且每个平台一般不少于3个点通过螺栓与塔壁对应固定座连接。基础平台应设有支撑钢梁，使得各种电气设备能在梁上安全固定。

平台采用花纹钢板做成圆形面板，槽钢、角钢等型钢做支架。设计平台时还需符合以下要求：

1）能在200mm×200mm区域内承受1.5kN的集中荷载。

2）能够承受3kN/m²的均布荷载，整个平台的承载能力最大为10kN。

3）尺寸偏差不超过整个平台直径的0.5%。

图2-3　塔底平台

4）所有的平台横梁、防滑钢板、拼焊件、焊接螺栓和格栅材料为 Q235B，另外要求按《热喷涂　金属和其他无机覆盖层　锌、铝及其合金》（GB/T 9793—2012）的要求进行热镀锌（去除毛刺，镀锌前所有零件必须去油脂和焊渣）。

5）平台和塔筒内壁间的缝隙最大为 20mm。

6）如果平台开口大于 100mm×100mm，开口周围必须安装平台围栏（高度一般为 50mm）防止东西掉落。

7）当平台开口过大时，应设计平台盖板，盖板尺寸应稍大于平台开口尺寸。盖板打开后，应与平台表面夹角超过 90°，达到稳定定位的目的。

8）平台盖板的最大总质量不应超过 10kg。钢制、铝制或由夹板制作的隔栅和盖板，如有需要，要求安装加强件。

9）为保证维修人员通过的安全，平台开口处不允许有尖锐的边角，必须对边角采取保护措施。

10）平台盖板铰链安装，要求使用自锁螺母，以应对动荷载。

2. 爬梯

如图 2-4 所示，爬梯采用带两侧主梁的竖直爬梯。用矩形管做主梁（可兼做提升器的导轨）、方形管做踏棍焊接而成，也可采用角钢、扁钢和方钢等型钢焊接，材质一般为 Q235，爬梯长度分别与塔筒体各段相对应，在塔筒安装时，通过连接板用螺栓连接成一整体。爬梯须满足以下要求：

1）如果高度落差大于 3m，必须安装安全装置。

2）爬梯第一段，应高出底部平台 200～280mm。

3）爬梯应当比最高处平台高 1.10m。

4）爬梯和塔筒壁之间最少应保证 200mm 的间距，留有一个脚可以自由活动的空间。

5）爬梯及其与筒壁的连接件，应按 1.5kN 的集中荷载和 1.5kN/m 的均布荷载计算。

图 2-4　爬梯

6）横挡踏板至少要 2×200mm，如安装刚性防坠落导轨，还需加上防坠落导轨的宽度。

7）爬梯踏板横梁间的平行距离为 250～300mm，推荐的距离为 280mm。允许偏差值为 15mm。

8）踏脚处表面应有防滑措施。

9）不允许爬梯主梁和踏板横梁存在尖锐边角。

10）爬梯只能选用钢材和铝材中的一种，不允许混合使用。钢质扶梯及其装配处，要求采取有效的防腐保护。

11）如果使用铝制扶梯，要求确保与钢质元件电绝缘，防止电腐蚀。

12）为应对动荷载，所有的螺栓连接要求使用自锁螺母。

3. 外部走梯

在塔筒外部需要设置外部走梯，如图 2-5 所示。外部走梯需要满足以下技术条件：

1）台阶距离要满足 $600\text{mm} \leqslant (g+2h) \leqslant 660\text{mm}$，式中，$h$ 为台阶竖直间距；g 为台阶水平间距。

2）要求台阶距离均布，允许距离偏差为 15mm。

3）台阶要有防滑面。

4）台阶强度要求能承受 3kN/m 的均布荷载。

5）楼梯要求有安全扶手，宽度大于或等于 1200mm 时应有两个扶手；

6）只要楼梯的上升高度超过 500mm，就应安装护栏。当斜梁外侧有大于 200mm 的横向间隙时，为了提供保护，应在具有此间隙的楼梯侧面安装护栏。

图 2-5　外部走梯

7）楼梯上的扶手与梯段踏板前缘的垂直高度应为 900~1000mm，在梯段平台上的垂直高度最小应为 1100mm。扶手宜为直径 25~50mm 的圆形截面或便于用手抓握的等效截面。

8）楼梯的护栏应至少包括一根横栏或某一等效装置。扶手到横杆及横杆到斜梁的净值不应超过 500mm。

9）除安装固定支撑的下端面，在扶手长度方向上，扶手外廓 100mm 内应无障碍物。

10）要求楼梯台阶尺寸最小为 500mm×200mm。

■ 2.3　塔架的材料

1. 对钢材的性能要求

用作塔架的钢材必须具有下列性能。

1）较高的屈服强度和抗拉强度。屈服强度高可以减小构件截面，减轻结构自重，节约钢材。屈强比用来衡量钢材强度的安全储备，屈强比低可以增加结构的安全储备，提高结构的可靠性。

2）良好的塑性。良好的塑性可以使结构在破坏前产生较大的变形，给人以明显的破坏预兆，从而可使人们及时发现和采取补救措施，减少损失。良好的塑性还有助于调整局部高峰应力，使结构产生内力重分布，结构或构件中某些原先受力不等部分的应力趋于均匀，从而提高结构的承载能力。

3）良好的韧性。韧性是指钢材在动力荷载作用下发生塑性变形和断裂过程中吸收能量的能力。良好的韧性可以使结构在动力荷载作用下破坏时吸收比较多的能量，降低脆性破坏的危险程度。

4）良好的耐疲劳性能。良好的耐疲劳性能可以使结构具有较好的抵抗重复荷载作用的能力。

5）良好的加工性能。包括冷加工性能、热加工性能和焊接性能。采用的钢材不但要易于加工成各种形式的结构或构件，还要不致因加工对结构或构件的强度、塑性、韧性及耐疲劳性能等造成过大的不利影响。

6）良好的耐久性能。根据风机的具体工作条件，在必要时还应该具有适应低温、高温和腐蚀性环境的能力。

2. 钢材的选用

塔架钢材的选用原则是：既要满足结构功能要求的安全可靠性，又要尽可能节约钢材，降低造价。筒体、法兰、门框的钢材选择可参照 GB/T 709—2006 和 GB/T 1591—2008 选用 Q235BZ、Q235C、Q235D、Q345B、Q345C、Q345D、Q345E 等材料，见表 2-1。考虑到风电场环境极限温度、材料的冲击韧性、塔架的制造工艺及经济合理性等因素，推荐选用热轧低合金高强度结构钢。塔架内部附件可选用碳素结构钢。内件安装所需的与塔体焊接的平台支耳、爬梯支耳、减振箱等用钢应是与塔体材料相同或者与塔体材料性能相匹配的钢材。塔架结构设计和弹性分析时，钢材的材料常数可参考表 2-2 选用。

表 2-1　塔架部件材料选择

部件		材料			备注
		>−10℃	−20~−10℃	≤−20℃	
塔架	筒体	Q235BZ、Q345B	Q235C、Q345C、D	Q235D、Q345D、E	
	法兰	Q345C	Q345C、D	Q345D、E-Z25	整体锻件制造
	门框	Q345C	Q345C、D	Q345D、E-Z25	正火交货状态
	梯子、平台等附件	Q235A、铝合金	Q235B、铝合金	Q235B、铝合金	
基础环	上法兰	Q345C	Q345C、D	Q345D、E-Z25	整体锻件制造
	筒体	Q345C	Q345C、D	Q345D、E	
	下法兰	Q345C	Q345C、D	Q345D、E-Z25	1. Z 向钢板拼焊 2. 切割方向垂直钢板纤维方向 3. 拼焊段数不超过 6 段

塔身与塔身、法兰、基座之间的连接原则上应采用完全熔透焊接方式，焊接材料牌号宜按表 2-3 选用。焊接结构部件的强度按连接母材强度的较小值取用。

塔架所用紧固件均为钢结构用高强度大六角头螺栓（GB/T 1231—2006），采用达克罗（片状锌铬盐）防护涂层，产品应具备完整的质量证明书和合格证，M20 以上高强度螺栓每种规格、每批次须有第三方检测机构出具的高强度螺栓机械性能检测报告，检测项目按 GB/T 3098.1 标准执行。

表 2-2　结构材料常数

牌号	厚度/mm	抗拉、抗压和抗弯强度/(N/mm²)	抗剪强度/(N/mm²)	弹性模量/(N/mm²)	剪切模量/(N/mm²)	泊松比	线膨胀系数/(10⁻⁶/℃)
Q235	≤16	215	125	206000	79000	0.3	12
	>16~40	205	120				
	>40~60	200	115				
	>60~100	190	110				
Q345	≤16	310	180				
	>16~35	295	170				
	>35~50	265	155				
	>50~100	250	145				

表 2-3　焊接材料牌号

钢种	牌号	焊条电弧焊		埋弧焊				气体保护焊			
				烧结焊剂与配用焊丝		熔炼焊剂与配用焊丝					
		焊条牌号	焊条型号	烧结焊剂	配用焊丝	熔炼焊剂	配用焊丝	实芯焊丝	保护气体	药芯焊丝	保护气体
碳素钢	Q235A、B	J422	E4303	—	—	HJ431	H08A、H08MnA	ER49-1	CO₂ 或 CO₂ +Ar₂	E501T-1	CO₂
	Q235C、D	J426 J427	E4316 E4315								
低合金钢	Q345C	J506 J507	E5016 E5015	SJ101	H10Mn2 H08MnA	HJ431 HJ350	H08MnA H10Mn2	ER50-2 ER50-6 ER50-7		E501T-1 E501T-5 E501T-6	
	Q345D	J506 J507 J506H J507RH	E5016 E5015 E5016-1 E5015-G								
	Q345E	J507RH J507TiB	E5015-G	SJ101	H10Mn2 H08MnA	—	—	—	—	E501T-1L E501T-5L E501T-6L	

■ 2.4　塔架的防腐

1. 腐蚀环境

塔架服役期间需采取一些防腐蚀保护措施，以避免大气、水和盐分对钢结构的腐蚀损坏。钢结构的腐蚀与环境密切相关，根据 ISO 12944.2—2017《色漆和清漆—防护涂料体系对钢结构的防腐蚀性保护—第 2 部分：环境分类》，典型的腐蚀环境分类见表 2-4。塔架的环境条件等级，一般按下列原则选用：内陆塔架内外表面分别为 C3、C4，沿海地区及海上塔架内外表面视具体情况分别为 C4、C5、CX，特殊地区可适当提高防腐类别。

表2-4 ISO 12944.2—2017典型的腐蚀环境分类

腐蚀分类		单位面积上质量的损失(经第一年暴露后)				温性气候下的典型环境案例(仅供参考)	
		低碳钢		锌		外部	内部
		质量损失/(g/m²)	厚度损失/μm	质量损失/(g/m²)	厚度损失/μm		
C1	很低	≤10	≤1.3	≤0.7	≤0.1		加热的建筑物内部,空气洁净,如办公室、商店、学校和宾馆等
C2	低	10~200	1.3~25	0.7~5	0.1~0.7	低污染水平的大气,大部分是乡村地带	可能发生冷凝的未加热地方,如库房、体育馆等
C3	中	200~400	25~50	5~15	0.7~2.1	城市和工业大气,中等的二氧化硫污染及低盐度沿海区域	高湿度和有些空气污染的生产厂房内,如食品加工厂、洗衣场、酒厂、牛奶厂等
C4	高	400~650	50~80	15~30	2.1~4.2	中等含盐度的工业区和沿海区域	化工厂、游泳池、沿海船舶和造船厂等
C5	很高(工业)	650~1500	80~200	30~60	4.2~8.4	高湿度和恶劣大气的工业区域和高含盐度的沿海区域	冷凝和高污染持续发生的建筑物
CX	极端	1500~5500	200~700	60~180	8.4~25	具有高含盐度的海上区域,具有极高湿度和侵蚀性大气的热带工业区域	具有极高湿度和侵蚀性大气的工业区域

2. 防腐蚀措施

风力发电机组的设计使用年限一般为20~25年,《风力发电机组设计要求》(JB/T 10300—2001)要求风力发电机组的设计年限至少为20年,塔架表面防腐必须达到15年以上。塔架的防腐蚀措施要在设计、材料、涂层等方面考虑。

(1)结构设计 这是防腐第一步,不合理的设计会加速腐蚀的发生。设计时要考虑以下方面:

1)排水设计。在户外钢结构上不应出现存水弯,应设计成排水机构,否则积水区域会加快腐蚀速度。

2)边角设计。边角处不应存在尖角,应将其打磨平滑,否则此处将最先出现锈蚀。

3)双金属设计。应尽量避免两种不同的金属直接接触,如铁管与铜连接器,由于电位差的存在,铁管会加速腐蚀。同样,应减少铆接,否则也会加速腐蚀。

4)焊接设计。焊接时应满焊,不应采用定位焊,并且应将其表面打磨平滑,除去所有飞溅的焊渣,否则将不可避免地加速腐蚀。

(2)材料防腐 耐候钢的耐腐蚀性能优于一般结构用钢,一般含有磷、铜、镍、铬、钛等金属,使金属表面形成保护层,以提高耐腐蚀性。其低温冲击韧性也比一般的结构用钢好。

(3)涂层防腐 通常情况下,涂层体系提供的有效保护期比结构的服役期要短,对海陆不同的环境,涂料体系可按表2-5选用。

表 2-5　塔架采用的涂料体系

机组位置	陆上防腐涂层体系		海上防腐涂层体系		
部位	涂层	干膜厚度/μm	涂层		干膜厚度/μm
塔筒内部	环氧富锌底漆	50	环氧富锌底漆		50
	复合环氧树脂漆	90	环氧漆/聚酰胺环氧漆		110
	聚氨酯漆面漆	40	聚氨酯漆面漆		40
塔筒外部	环氧富锌/无机富锌	60	云铁中间漆涂料体系	环氧富锌/无机富锌	60
	复合环氧树脂漆	20		环氧云铁中间漆	160
	环氧云铁中间漆	90~140		脂肪族聚氨酯/聚硅氧烷	80
	脂肪族聚氨酯/聚硅氧烷	50	玻璃鳞片涂料体系	环氧富锌底漆/环氧底漆	30~50
				环氧玻璃鳞片	200
				脂肪族聚氨酯面漆	80
甲板平台			环氧底漆		50
			环氧玻璃鳞片		400
			脂肪族聚氨酯面漆		50
潮差区/飞溅区			环氧底漆		50
			环氧玻璃鳞片		400
全浸区/海泥区			环氧底漆		50
			环氧玻璃鳞片		300

1）内陆塔架采用的涂料体系。

内表面：C3 腐蚀环境，环氧富锌底漆+环氧中涂漆+聚氨酯漆面漆，总膜厚 180μm。

外表面：C4 腐蚀环境，无机富锌环氧底漆+环氧中涂漆+聚氨酯/聚硅氧烷面漆，总膜厚 240μm。

2）沿海地区及海上塔架采用的涂料体系。

塔架在海洋环境中的腐蚀，因处在不同的区带呈现不同的腐蚀行为。根据腐蚀特征的不同，将海洋环境分为 5 个区带：海洋大气带、海洋飞溅带、海水潮差带、海水全浸带及海泥带。不同区带的腐蚀特点为：在海洋大气带影响腐蚀的主要因素是存在金属表面上的盐含量。飞溅带是海洋环境中一般钢铁材料遭受腐蚀最严重的区带，影响腐蚀的主要环境因素是含盐粒子最大，因浪花飞溅的干湿交替和温度的相互作用，海水中的气泡冲击破坏材料表面及其保护层而加剧腐蚀。因此，一般钢铁材料在海洋飞溅带的腐蚀都有一个腐蚀峰值。潮差带的金属表面也经常同充气的海水接触，潮汐、海流运动造成金属表面干湿交替，从而加剧腐蚀。全浸区的腐蚀与海水的氧含量、pH 值、温度和盐度有关。海泥区与大陆上的土壤的情况相似，腐蚀比在海水中缓慢，而且由于氧气供应不足而易极化。根据以上特点，5 个区带的涂料体系可按表 2-5 选用。

内表面：C4 腐蚀环境，环氧富锌底漆+环氧中涂漆+聚氨酯/聚硅氧烷面漆，总膜厚 200μm。

塔外面：C5X 腐蚀环境，环氧富锌底漆+环氧/云铁环氧中涂漆+聚氨酯/聚硅氧烷面漆，总膜厚 300μm。

其他区带：可按表2-5选用。

3. 防腐施工

塔架的防腐施工，包括钢材表面处理、底漆、中间漆和面漆施工。

1）表面预处理。按照《热喷涂 金属零部件表面的预处理》（GB/T 11373—2017）的规定对钢材表面做喷砂粗化处理。喷砂除锈处理后的清洁度应达到《涂覆涂料前钢材表面处理 表面清洁度的目视评定 第1部分：未涂覆过的钢材表面和全面清除原有涂层后的钢材表面的锈蚀等级和处理等级》（GB/T 8923.1—2011）或者ISO 8501.1—2007中规定的Sa2.5级，即完全除去氧化皮、锈、污垢和涂层等附着物，表面应显示均匀的金属色泽。对于喷锌的部分，要达到Sa3级。涂装前钢材表面粗糙度应达到$Rz40—80$。

2）漆涂饰。喷砂处理完后4h内立即用相应防锈底漆涂饰。若喷砂完成后的存放过夜或者接触水，在上底漆前必须再次轻度喷砂。底漆用双组分复合环氧树脂漆在锌层上喷封。中间层、面层涂饰的阻抗为50%~75%。涂层的施工要有适当的温度（5~38℃）和湿度（相对湿度不大于85%），涂层的施工环境粉尘要少，构件表面不能有结露。涂层一般做4~5遍。

■ 2.5 塔架的制造工艺过程

圆锥形塔筒采用钢板卷板焊接分段制作，每段筒体又由多个筒节焊接而成，各段由连接法兰连接，其工艺流程如图2-6所示。制造的难点在于各段连接法兰之间的平面度、平行度等精度控制和焊接变形控制。

在塔筒的制作过程中，主要使用的生产及检验设备包括卷板机、刨边机、数控切割机或半自动切割机、焊条电弧焊机、埋弧焊机、CO_2气体保护焊机、滚轮架、$\varphi40$以上摇臂钻床、$\varphi5000$立式车床、无损探伤设备、防腐喷砂设备和喷涂设备等。

1. 筒体

圆锥形塔筒采用钢板卷板焊接分段制作，每段高度在20~30m，因为有一定的锥度，所以分段筒体焊接一般采用机械防窜滚轮架支撑。每段筒体又由多个筒节焊接而成，内纵环缝焊接采用小车埋弧焊，外纵环缝采用十字操作机配埋弧焊焊接。各段连接法兰采用倾斜滚轮架焊接。筒体的制作过程如图2-7所示。

筒节的制作流程一般为：原材料入厂检验→材料复验→钢板预处理→数控切割下料→尺寸检验→加工坡口→卷圆→纵缝定位焊定位→组焊纵缝→校圆→100%UT检测。

1）切割下料。用数控切割机下料，也可用半自动或手动氧乙炔焰切割。下料过程中控制筒节扇形钢板的弦长、弦高、对角线偏差。弦长和弦高方向的尺寸允许偏差为±1mm，对角线尺寸允许偏差为±2mm。每段塔筒中间节预留2~3mm焊接收缩余量，与法兰连接的筒节在钢板下料时预留5~10mm修正余量。

2）加工坡口。壁厚$\delta \leqslant 16mm$的钢板可以不开坡口，其他壁厚的钢板开30°坡口，预留4.0~5.0mm钝边；与法兰连接的筒节开30°坡口，留2.0mm钝边。

3）小筒节成形。用卷板机按滚压线卷制成环形，并焊接对口纵缝。筒节卷制方向应和钢板的轧制方向一致。卷制前，应将钢板表面的氧化皮和其他杂物清理干净。卷制过程中严

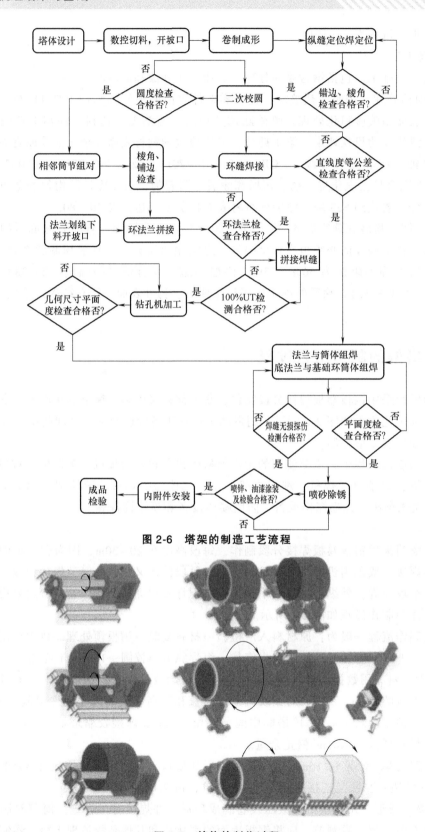

图 2-6　塔架的制造工艺流程

图 2-7　简体的制作过程

格控制压延次数，板材表面应避免机械损伤，有严重伤痕的部分应修磨，并使其圆滑过渡，筒壁最大缺陷深度不得超过 $0.1t$（t 为钢板公称厚度），且不得大于 1mm。对接施焊前应清理焊缝周围氧化皮等杂物，焊缝两边 20~30mm 范围内可见板材金属光泽。

筒节卷制成形过程中，应严格控制圆度、对口的错边量、局部凹凸度和筒节尺寸偏差，要求如下：

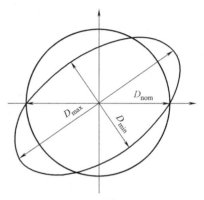

1）圆度控制。筒节纵缝焊接完成后进行校圆时，要将卷板机的上、下辊表面清理干净。筒节应严格控制圆度、棱角度，保证同一断面内其最大内径与最小内径之差符合式（2-1）的要求。

$$\frac{D_{\max} - D_{\min}}{D_{\text{nom}}} \leqslant 0.005 \qquad (2\text{-}1)$$

式中　$D_{\max}$——测量出的最大内径，如图 2-8 所示；

　　　$D_{\min}$——测量出的最小内径；

　　　D_{nom}——所测量截面的公称内径。

图 2-8　任意截面的圆度

2）对口的错边量。对接板材间隙宜为 0.5~2mm，纵向错边量不大于 $0.1t$（t 为板材公称厚度），环向错口量最大不超出 2mm。如图 2-9 所示。

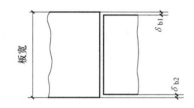
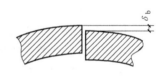

图 2-9　环向错口量和纵向错边量

δ_{b1}、δ_{b2}—环向错口量，δ_b—纵向错边量

3）筒节纵缝棱角和环向表面局部凹凸度。钢板厚度 $t \leqslant 30$mm 时，用弦长 $L = 1/6D_{\text{nom}}$，且 $\geqslant 400$mm 的内或外样板检查（图 2-10a、b），其凹凸度 $E \leqslant (0.1t+1$mm$)$。钢板厚度 $t > 30$mm 时，用弦长 $L = 1/6D_{\text{nom}}$，且 $\geqslant 600$mm 的内或外样板检查（图 2-10a、b），其凹凸度 E 值应 $\leqslant (0.1t+1$mm$)$。

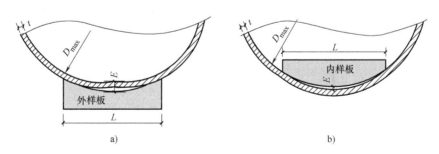

图 2-10　纵缝棱角及环向表面局部凹凸度测量

a）外样板检查　b）内样板检查

筒节成形后，如果两端有误差，可用电弧气刨或磁力切割机切割以使端头平齐。

4）对接筒体。（环缝焊接）对接采用液压组对滚轮架进行组对定位焊接后，焊接内外环缝、直线度等公差检查。内环缝焊接采用小车埋弧焊,外环缝采用十字操作机配埋弧焊焊接。筒节与筒节的外边对齐。不同厚度筒节对接时,应对较厚的板做削薄处理,削薄长度 L 等于4倍的厚度差(图2-11),使内壁形成1/4的平缓过渡。相邻筒节的纵焊缝宜相错180°,若因板材规格不能满足全部要求时,其相错量不得小于90°;基础环筒体的纵焊缝应与塔架底部第一个筒节的纵焊缝尽量相错180°;塔架门框中心线与筒体的纵缝至少相错90°以上。若不能满足,经设计方同意,塔架门框中心线与筒体纵缝的间隔可适当放宽,且不得小于800mm。

图 2-11　不同厚度筒节之间的圆滑过渡

5)法兰与筒节组对焊接。组对时控制筒节管口平面度。焊接时控制法兰的几何精度,保证螺栓孔跨纵缝对中布置。

6)无损探伤。焊缝要求100%进行无损探伤,常采用X射线探伤、超声波探伤、磁粉探伤等。焊缝不允许有裂纹、夹渣、气孔、未焊透、未融合及深度大于0.5mm的咬边等缺陷,焊接接头的焊缝余高 h 应小于焊缝宽度10%。

2. 法兰

风电塔筒法兰形状有平板、外高颈、内高颈三种,其中外高颈法兰约占70%。一般采用毛坯整体锻造的制作工艺,在数控机床上进行连接面和安装孔的加工。工艺流程一般为:钢锭材料进厂检验→下料→装炉加热→检验→预锻毛坯→检验→装炉加热→环锻→检验→热处理→检验→粗加工→无损检测→精加工→检验→钻孔/倒角→检验→包装→出具检验报告→入库。

锻件级别需符合《承压设备用碳素钢和合金钢锻件》(NB/T 47008—2017)的要求,锻后法兰厚度方向性能至少达到Z35的要求,低温冲击功要求-50℃时大于等于50J。法兰无损检测要达到《承压设备无损检测》(NB/T 47013—2015)的UT1级合格和MT1级合格。

法兰形位公差要求孔中心距、同轴度和法兰平面度等技术指标。孔中心距、同轴度控制在0.5mm以内;法兰圆度要控制在2mm内;法兰内倾顶锻造法兰在0~0.5mm,其余法兰控制在0~1.5mm。法兰平面度的一般要求:顶法兰要达到0.8mm,其他锻造法兰则要达到1.5~2.0mm,具体要依据厂家的技术要求。

第 3 章　塔架的设计原则

　　容许应力设计法，也称为 ASD 法，要求在规定的标准荷载作用下，按弹性理论计算得到的构件截面任一点的应力不大于材料的容许应力。容许应力 $[\sigma]$ 是由材料的屈服强度或极限强度除以大于 1 的安全系数得到的。安全系数是根据工程经验和专家判断确定的。

　　容许应力设计法形式简单，应用方便。主要缺点是由于单一安全系数是一个笼统的经验系数，没有考虑不同结构的差异，因而不能保证相同容许应力下所设计结构具有比较一致的安全水平。例如：不同结构承受多种类型荷载的组合，组合中的各种荷载超过标准值的概率和幅度各不相同，特别是某些活荷载超过标准值的可能性更大，还存在某些荷载小于标准值反而对结构或构件更不利的情况；因而在相同的安全系数下将反映不同的安全度。不同材料的强度性能的离散情况不同，需要采用不同的安全系数，但是较大的安全系数也不能保证结构有更大的可靠度。此外，容许应力设计法按弹性方法计算构件应力，当结构材料进入塑性阶段时就不能如实地反映构件破坏时的应力状态，并正确地计算出结构构件的承载能力。

　　概率极限状态设计法，也称 LRFD 法，将结构的极限状态分为承载能力极限状态和正常使用极限状态两大类。采用数理统计方法以一定概率确定荷载和材料强度标准值，建立结构的极限状态方程和功能函数，用结构失效概率或可靠指标度量结构可靠性，对荷载效应 S 和结构抗力 R 的联合分布进行考察，在结构极限状态方程和结构可靠度之间以概率理论建立关系。

　　《钢结构设计标准》（GB 50017—2017）中明确指出：除疲劳计算外，采用以概率理论为基础的极限状态设计方法，并用分项系数设计表达式进行计算。疲劳计算采用容许应力幅法，应力按弹性状态计算，容许应力幅按构件和连接类别及应力循环次数确定。在应力循环中部出现拉应力的部位可不计算疲劳。

■ 3.1　结构的功能要求和极限状态

3.1.1　风力发电机组塔架的功能要求

　　《风力发电机设计要求》（IEC 61400-1—2019）和《风力发电机组设计要求》（JB/T 10300—2001）规定，风力发电机组的设计使用寿命至少为 20 年。塔架设计的基本目标是：在规定的外部条件、设计工况和荷载情况下稳定地支撑风轮和机舱，以保证风力发电机组安全正常运行。结构的功能要求包括安全性、适用性和耐久性等。

（1）安全性　塔架在正常施工和正常使用时，能承受可能出现的各种作用而不超过其损伤极限，在设计规定的罕遇作用和偶然作用发生时和发生后，仍能保持必需的整体稳定性，不发生倒塌或损毁。在长期荷载作用下，塔架的应力低于长期容许应力。钢材的损伤极限一般是屈服值，混凝土的损伤极限一般是不出现残余变形及刚度降低的情况。

（2）适用性　结构在正常使用时具有良好的工作性能，不发生有害的裂缝或变形，不产生影响正常使用的振动。

（3）耐久性　足够的耐久性能指结构在规定的工作环境中，在预定时期内，其材料性能的恶化不会导致结构出现不可接受的失效概率。从工程概念上讲，足够的耐久性能是指在正常维护条件下结构能够正常使用到规定的设计使用年限。

这些功能要求概括起来称为结构的可靠性，即结构在规定的时间内（设计基准期），在规定的条件下（正常设计、正常施工、正常使用维护）完成预定功能（安全性、适用性和耐久性）的能力。显然，增大结构设计的余量，如加大结构构件的截面尺寸，或提高对材料性能的要求，总是能够增加或改善结构的安全性、适应性和耐久性要求，但这将使结构造价提高，不符合经济性的要求。因此，结构设计要根据实际情况，解决好结构可靠性与经济性之间的矛盾，既要保证结构具有适当的可靠性，又要尽可能降低造价，做到经济合理。

3.1.2　结构的极限状态

整个塔架结构或结构的一部分超过某一特定状态就不能满足设计规定的某一功能要求，此特定状态称为该功能的极限状态。极限状态是区分结构工作状态可靠或失效的标志。《工程结构可靠性设计统一标准》（GB 50153—2008）将极限状态分为两类：承载能力极限状态和正常使用极限状态。

（1）承载能力极限状态　这种极限状态对应于结构或结构构件达到最大承载能力或不适于继续承载的变形。结构或结构构件出现下列状态之一时，应认为超过了承载能力极限状态：

1）整个结构或结构的一部分作为刚体失去平衡（如倾覆、过大的滑移等）。

2）结构构件或连接因超过材料强度而破坏，或因过度变形而不适于继续承载。

3）结构转变为机动体系（如超静定结构由于某些截面的屈服，使结构成为几何可变体系）。

4）结构或结构构件丧失稳定（如细长柱达到临界荷载发生压屈失稳而破坏等）。

5）地基丧失承载力而破坏（如失稳等）。

6）结构因局部破坏而发生连续倒塌。

7）结构或结构构件的疲劳破坏。

（2）正常使用极限状态　这种极限状态对应于结构或结构构件达到正常使用或耐久性能的某项规定限值。结构或结构构件出现下列状态之一时，应认为超过了正常使用极限状态：

1）影响正常使用或外观的变形（如过大的挠度）。

2）影响正常使用或耐久性能的局部损坏（如不允许出现裂缝的结构的开裂；对允许出现裂缝的构件，其裂缝宽度超过了允许限值）。

3）影响正常使用的振动。

4）影响正常使用的其他特定状态。

3.1.3 结构的设计状况

设计状况指代表一定时段的一组物理条件，设计时应做到结构在该时段内不超越有关的极限状态。结构设计时，应根据结构在施工和使用中的环境条件和影响，区分下列设计状况：

1）持久设计状况。在结构使用过程中一定出现，且持续期很长的状态。持续期一般与设计使用年限为同一数量级。

2）短暂设计状况。在结构施工和使用过程中出现概率较大，而与设计使用年限相比持续期很短的状况，如结构施工和维修等。

3）偶然设计状况。在结构使用过程中出现概率很小，且持续期很短的状况，如火灾、爆炸、撞击等。

4）地震设计状况。在结构使用过程中遭受地震破坏，在抗震设防地区必须考虑地震设计状况。

对于不同的设计状况，可采用相应的结构体系、可靠度水准和基本变量等。对四种设计状况均应进行承载力极限状态设计；对持久设计状况，尚应进行正常使用极限状态设计；对短暂设计状况和地震设计状况，可根据需要进行正常使用极限状态设计；对偶然设计状况，可不进行正常使用极限状态设计。

3.1.4 结构上的作用、作用效应及结构抗力

1. 结构上的作用

结构上的作用是指施加在结构或构件上的力（称为直接作用，也称为荷载，如永久荷载、活荷载、风、雪、裹冰、波浪等荷载），以及引起结构外加变形或约束变形的原因（称为间接作用，如地基不均匀沉降、温度变化、混凝土收缩、焊接变形等）。

结构上的作用可按下列性质分类：

（1）按随时间的变异分类

1）永久作用。在设计基准期内其量值不随时间变化，或其变化与平均值相比可以忽略不计的作用，如结构自重、土压力、预加应力等。

2）可变作用。在设计基准期内其量值随时间变化，且其变化与平均值相比不可忽略的作用，如安装荷载、楼面活荷载、风荷载、雪荷载、起重机荷载和温度变化等。

3）偶然作用。在设计基准期内不一定出现，而一旦出现其量值很大且持续时间很短的作用，如地震、爆炸、撞击等。

（2）按结构的反应特点分类

1）静态作用。使结构产生的加速度可以忽略不计的作用，如结构自重等。

2）动态作用。使结构产生的加速度不可忽略不计的作用，如地震、风荷载、设备振动等。

2. 作用效应

作用效应是指由结构上的作用引起的结构或构件的内力（如轴力、剪力、弯矩、扭矩等）和变形（如挠度、侧移、裂缝等）。当作用为集中力或分布力时，其效应可称为荷载效应。

由于结构上的作用是不确定的随机变量，所以作用效应一般也是一个随机变量。以下主要讨论荷载效应，荷载 Q 与荷载效应 S 之间可以近似按线性关系考虑，即

$$S = CQ \tag{3-1}$$

式中　C——荷载效应系数。

如集中荷载 P 作用在 $\frac{1}{2}l$（l 为梁的计算跨度）处的简支梁，最大弯矩为 $M = \frac{1}{4}Pl$，M 就是荷载效应，$\frac{1}{4}l$ 就是荷载效应系数。

3. 结构抗力

结构抗力 R 是指结构或构件承受作用效应的能力，如构件的承载力、刚度、抗裂度等。影响结构抗力的主要因素是材料性能（材料的强度、变形模量等物理力学性能）、几何参数（截面形状、面积、惯性矩等）及计算模式的精确性等。考虑到材料性能的变异性、几何参数及计算模式精确性的不确定性，由这些因素综合而成的结构抗力也是随机变量。

■ 3.2　概率极限状态设计方法

概率极限状态设计法又称为近似概率法，是以概率为基础的极限状态设计方法，以结构的失效概率或可靠指标来度量结构的可靠度。

3.2.1　功能函数、极限状态方程

结构完成预定功能的工作状态可以用作用效应 S 和结构抗力 R 的关系来描述，这种表达式称为结构功能函数，用 Z 来表示

$$Z = R - S = g(R, S) \tag{3-2}$$

Z 的三种状态分别表示结构的三种工作状态（图 3-1）：当 $Z>0$ 时，结构能够完成预定的功能，处于可靠状态；当 $Z<0$ 时，结构不能完成预定的功能，处于失效状态；当 $Z=0$ 时，即 $R=S$，结构处于极限状态。

$z = g(R, S) = R - S = 0$，称为极限状态方程。

结构功能函数的一般表达式为 $Z = g(X_1, X_2, \cdots, X_n)$，其中 $X_i(i = 1, 2, \cdots, n)$ 为影响作用效应 S 和结构抗力 R 的基本变量，如荷载、材料性能、几何参数等。由于 R 和 S 都是非确定性的随机变量，故 Z 也是随机变量。

3.2.2　结构可靠度、失效概率及可靠指标

结构的可靠度是指结构在规定的时间内，在规定的条件下完成预定功能的概率，是对结构可

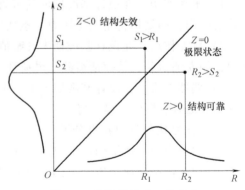

图 3-1　结构所处的工作状态

靠性的概率度量。结构能够完成预定功能的概率称为可靠概率 p_s；结构不能完成预定功能的概率称为失效概率 p_f。显然，二者是互补的，即 $p_s + p_f = 1.0$。因此，结构可靠性也可用结构的失效概率来度量，失效概率越小，结构可靠度越大。

失效概率的计算方法，可以用最简单的情况来说明，即只考虑一个抗力 R 和一个荷载效应 S 的情况。假定结构抗力 R 和荷载效应 S 都为服从正态分布的随机变量，R 和 S 是互相独立的，则结构功能函数 $Z=R-S$ 也服从正态分布，其概率分布曲线如图 3-2 所示。

事件 $Z=R-S<0$ 出现的概率就是失效概率 p_f

$$p_f = P(Z = R - S < 0) = \int_{-\infty}^{0} f(Z)\,\mathrm{d}Z$$

$$(3-3)$$

失效概率 p_f 可以用图 3-2 中的阴影面积表示。如结构抗力 R 的平均值为 μ_R，标准差为 σ_R；荷载效应的平均值为 μ_S，标准差为 σ_S，则功能函数 Z 的平均值及标准差为

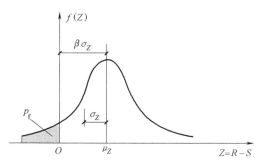

图 3-2　功能函数 Z 的分布曲线

$$\mu_Z = \mu_R - \mu_S \qquad (3-4)$$

$$\sigma_Z = \sqrt{\sigma_R^2 + \sigma_S^2} \qquad (3-5)$$

只要经过测试取得足够多的数据，即可由统计分析求得 R 和 S 的均值 μ 和方差 σ^2，如果 Z 为非线性函数，可将其展开为泰勒级数并取线性项，由下式计算均值和方差

$$Z = g(x_1, x_2, \cdots, x_n) \qquad (3-6)$$

$$\mu_Z \approx g(\mu_{x_1}, \mu_{x_2}, \cdots, \mu_{x_n}) \qquad (3-7)$$

$$\sigma_Z^2 \approx \sum_{i=1}^{n} \left(\frac{\partial g}{\partial x_i}\right)_\mu^2 \mu_{x_i}^2 \qquad (3-8)$$

式中　μ_{x_i}——随机变量 x_i 的均值。

由此，美国人 Cornell 于 1967 年最先提出可靠指标 β 的计算公式

$$\beta = \frac{\mu_Z}{\sigma_Z} = \frac{\mu_R - \mu_S}{\sqrt{\sigma_R^2 + \sigma_S^2}} \qquad (3-9)$$

结构失效概率 p_f 与功能函数平均值 μ_Z 到坐标原点的距离有关，取 $\mu_Z = \beta\sigma_Z$。由图 3-2 可见，β 与 p_f 之间存在着对应关系：β 值越大，失效概率 p_f 越小；β 值越小，失效概率 p_f 越大。因此，β 与 p_f 一样，可作为度量结构可靠度的一个指标，故称 β 为结构的可靠指标。β 值可按式（3-9）计算。β 与 p_f 在数值上的对应关系见表 3-1。从表中可以看出，β 值相差 0.5，失效概率 p_f 大致差一个数量级。

表 3-1　β 与 p_f 的对应关系

β	p_f	β	p_f
1.0	1.59×10^{-1}	3.5	2.33×10^{-4}
1.5	6.68×10^{-2}	3.7	1.08×10^{-4}
2.0	2.28×10^{-2}	4.0	3.17×10^{-5}
2.5	6.21×10^{-3}	4.2	1.34×10^{-5}
2.7	3.47×10^{-3}	4.5	3.4×10^{-6}
3.0	1.35×10^{-3}	4.7	1.3×10^{-6}
3.2	6.87×10^{-4}	5.0	2.87×10^{-7}

需要说明的是，可靠指标 β 的计算式（3-9）是在假设 R 和 S 都服从正态分布的前提下得到的。如果 R 和 S 都不服从正态分布，但能求出 Z 的平均值 μ_Z 和标准差 σ_Z，则由式（3-9）算出的 β 是近似的或称名义的，但在工程中仍然具有一定的参考价值。

由图 3-2 可知，失效概率 p_f 尽管很小，但总是存在的。因此，要使结构设计做到绝对可靠是不可能的，合理的解答应该是使所设计的结构失效概率降低到人们可以接受的程度。

将（3-9）式变换得

$$\mu_R = \mu_S + \beta\sqrt{\sigma_R^2 + \sigma_S^2} \tag{3-10}$$

由

$$\sqrt{\sigma_R^2 + \sigma_S^2} = \frac{\sigma_R^2 + \sigma_S^2}{\sqrt{\sigma_R^2 + \sigma_S^2}} \tag{3-11}$$

得

$$R^* = \mu_R - \alpha_R \beta \sigma_R \geq \mu_S + \alpha_S \beta \sigma_S = S^* \tag{3-12}$$

其中：

$$\alpha_R = \frac{\sigma_R}{\sqrt{\sigma_R^2 + \sigma_S^2}}, \alpha_S = \frac{\sigma_S}{\sqrt{\sigma_R^2 + \sigma_S^2}} \tag{3-13}$$

式中 R^*、S^*——R 和 S 的设计验算点的坐标。

这就是概率方法的设计式。由于这种设计不考虑 Z 的全分布而只考虑到二阶矩，对非线性函数又用泰勒级数展开取线性项，故此法称一次二阶矩法。

3.2.3 目标可靠指标

如果有关变量的概率分布类型及参数已知时，就可按上述 β 值计算公式求得现有的各种结构构件的可靠指标。《工程结构可靠性设计统一标准》以我国长期工程经验的结构可靠度水平为校准点，考虑了各种荷载效应组合情况，选择若干有代表性的构件进行了大量的计算分析，规定结构构件承载能力极限状态的可靠指标，称为目标可靠指标 β。

结构的破坏类型分为延性破坏和脆性破坏。延性破坏有明显征兆，可及时采取措施防止生命财产损失，所以目标可靠度指标可定得稍低些。脆性破坏常常是突然发生的，没有明显征兆，所以目标可靠度指标可定得高一些。

《建筑结构可靠性设计统一标准》（GB 50068—2018）规定，结构构件属延性破坏时，目标可靠指标 β 取为 3.2；结构构件属脆性破坏时，目标可靠指标 β 取为 3.7。

《公路工程结构可靠性设计统一标准》（JTG 2120—2020）规定，结构构件属延性破坏时，目标可靠指标 β 取为 4.2；结构构件属脆性破坏时，目标可靠指标 β 取为 4.7。

表 3-2 结构构件承载能力极限状态的可靠指标

破坏类型		安全等级		
		一级	二级	三级
建筑结构	延性破坏	3.7	3.2	2.7
	脆性破坏	4.2	3.7	3.2
公路桥梁结构	延性破坏	4.7	4.2	3.7
	脆性破坏	5.2	4.7	4.2

确定结构的可靠指标时，要考虑到公众心理、结构重要性、破坏性质和社会经济承受力等方面。根据公众心理学调查，当工程结构的年失效概率 $p_f < 10^{-3}$ 时感觉结构较安全，$p_f < 10^{-4}$ 时感觉结构安全，$p_f < 10^{-5}$ 时感觉结构很安全。因此，对于安全等级为二级的普通钢结构，其强度破坏和大多数失稳破坏具有延性破坏性质，可靠指标一般为 3.2；对于壳体钢结构和圆管压杆及部分方管压杆失稳时具有脆性破坏特征，可靠指标应取 3.7。

风电机组塔架的安全等级为二级，主要的可变荷载为风荷载。无论对于锥筒形钢塔架，还是混凝土结构塔架，常见的失稳、疲劳及缺陷破坏都呈现脆性特征，建议可靠指标取 3.7。钢结构连接的承载能力极限状态经常是强度破坏而不是屈服，可靠指标应比构件高些，推荐可靠指标用 4.5。

■ 3.3 荷载的代表值

对应于直接作用按随时间的变异分类，结构上的荷载可分为三类：

1）永久荷载。如结构自重、土压力、预应力等。

2）可变荷载。如活荷载、风荷载、雪荷载、裹冰荷载和波浪荷载等。

3）偶然荷载。如爆炸力、撞击力、地震力等。

荷载代表值是指设计中验算极限状态时采用的荷载量值。

结构设计时，对不同荷载应采用不同的代表值。永久荷载采用标准值作为代表值；可变荷载应根据设计要求采用标准值、组合值或准永久值作为代表值；偶然荷载应按结构使用的特点确定其代表值。

3.3.1 荷载标准值

荷载标准值是《建筑结构荷载规范》规定的荷载基本代表值，为设计基准期内最大荷载统计分布的特征值（如均值、众值、中值或某个分位值）。由于最大荷载值是随机变量，因此，原则上应由设计基准期荷载最大值概率分布的某一分位数来确定。但是，有些荷载并不具备充分的统计参数，只能根据已有的工程经验确定。因此，实际上荷载标准值取值的分位数并不统一。

永久荷载标准值，对于结构或非承重构件的自重，由于其变异性不大，而且多为正态分布，一般以其分布的均值（分位数为 0.5）作为荷载的标准值，可由设计尺寸与材料单位体积的自重计算确定。对于自重变异较大的材料和构件，考虑到结构的可靠性，在设计中应根据该荷载对结构有利或不利，分别取其自重的上限和下限值。如素混凝土的自重为 22～24kN/m³，钢筋混凝土为 24～25kN/m³，钢材为 78.5kN/m³。

可变荷载标准值由《建筑结构荷载规范》给出，设计时可直接查用。

3.3.2 荷载准永久值

荷载准永久值是指可变荷载在设计基准期内，其超越的总时间约为设计基准期一半的荷载值，为可变荷载标准值乘以荷载准永久值系数 ψ_q。荷载准永久值系数 ψ_q 由《建筑结构荷载规范》给出。

3.3.3　荷载组合值

荷载组合值是指对可变荷载，使组合后的荷载效应在设计基准内的超越概率，能与该荷载单独出现时的相应概率趋于一致的荷载值；或使组合后的结构具有统一规定的可靠指标的荷载值。荷载组合值为可变荷载标准值乘以荷载组合值系数 ψ_c。荷载组合值系数 ψ_c 由《建筑结构荷载规范》给出。

■ 3.4　材料强度的标准值和设计值

3.4.1　取值原则

材料强度标准值是结构设计时采用的材料强度的基本代表值，也是生产中控制材料性能质量的主要指标，用于结构正常使用极限状态的验算。

材料强度标准值是按标准试验方法测得的具有不小于 95% 保证率的强度值，即

$$f_k = f_m - 1.645\sigma = f_m(1 - 1.645\delta) \tag{3-14}$$

式中　f_k、f_m——材料强度的标准值和平均值；

　　　σ、δ——材料强度的标准差和变异系数。

材料强度设计值用于结构承载能力极限状态的计算。强度设计值由相应材料强度标准值与其分项系数的比值确定，即

$$材料强度的设计值 = \frac{材料强度的标准值}{材料强度分项系数} \tag{3-15}$$

材料强度分项系数 γ_m 主要通过对可靠指标的分析及工程经验校准确定，反映材料强度离散程度对结构构件承载能力的影响。考虑到强度参数的固有可变性，当使用 95% 置信度及 95% 存活率的典型材料性能时，所用的材料强度分项系数应一般不小于 1.1。如果要获得其他存活率 P（置信度为 95%）和（或）变异系数 δ 为 10% 或高于 10% 的典型材料性能，应根据表 3-3 选取有关的一般系数。当未规定材料性能存活率 P 和变异系数 δ 时，可假定 P=95% 及 δ=10%。除此之外，还必须考虑尺寸效应以及由于紫外线辐射、湿度及不能正常发现的缺陷等外部环境造成的材料强度容限的降低。

表 3-3　材料固有可变性一般局部安全系数 γ_m

P(%)	δ=10%	δ=15%	δ=20%	δ=25%	δ=30%
99	1.02	1.05	1.07	1.12	1.17
98	1.06	1.09	1.13	1.20	1.27
95	1.10	1.16	1.22	1.32	1.43
90	1.14	1.22	1.32	1.45	1.60
80	1.19	1.30	1.44	1.62	1.82

3.4.2　钢材强度标准值和设计值

钢材的强度标准值取具有不小于 95% 保证率的屈服强度，强度设计值 f_s 与其标准值 f_k 之间的关系为

$$f_s = f_k / \gamma_R \tag{3-16}$$

式中　γ_R——钢材的材料分项系数，Q235 钢 $\gamma_R=1.087$，Q345、Q390、Q420 钢 $\gamma_R=1.111$。

对于端面承压和连接其强度设计值极限强度标准值除以材料分项系数 1.538。

根据可靠度要求，热轧钢筋的强度标准值取具有不小于 95% 保证率的屈服强度，热处理钢筋、钢丝、钢绞线的强度标准值取具有不小于 95% 保证率的名义屈服强度。钢筋强度设计值与其标准值之间的关系为

$$f_y = f_{yk}/\gamma_s \tag{3-17}$$

式中　f_y、f_{yk}——钢筋的强度设计值和标准值；

γ_s——钢筋的材料分项系数，400MPa 及以下的热轧钢筋取 $\gamma_s=1.111$，500MPa 热轧钢筋取 $\gamma_s=1.149$，预应力钢筋取 $\gamma_s=1.207$，钢绞线和钢丝取 $\gamma_s=1.41$。

3.4.3　混凝土强度标准值和设计值

混凝土轴心抗压强度标准值 f_{ck} 和轴心抗拉强度标准值 f_{tk} 是假定与立方体强度具有相同的变异系数，由立方体抗压强度标准值 $f_{cu,k}$ 推算得到的。

混凝土轴心抗压强度标准值 f_{ck}，可由其强度平均值 $f_{c,m}$ 按概率和试验分析来确定。

因　　　　　　　　$f_{cu,k} = f_{cu,m}(1-1.645\delta) \tag{3-18}$

结合式 (3-12)，得

$$f_{ck} = f_{cu,m}(1-1.645\delta) = \alpha_{c1}f_{cu,m}(1-1.645\delta) = \alpha_{c1}f_{cu,k} \tag{3-19}$$

考虑到结构中混凝土强度与试件强度之间的差异，根据以往的经验，并结合试验数据分析，以及参考其他国家的有关规定，对试件混凝土强度修正系数取值 0.88。此外，考虑混凝土脆性折减系数 α_{c2}，则

$$f_{ck} = 0.88\alpha_{c1}\alpha_{c2}f_{cu,k} \tag{3-20}$$

混凝土脆性折减系数 α_{c2} 是考虑高强混凝土脆性破坏特征对强度影响的系数，强度等级越高，脆性越明显。混凝土强度等级 <C40 时取值 1.0，C80 时取值 0.87，中间按线性插值。

轴心抗拉强度标准值 f_{tk} 与轴心抗压强度标准值的确定方法和取值类似，可由其抗拉强度平均值 $f_{t,m}$ 按概率和试验分析来确定，并考虑试件混凝土强度修正系数 0.88 和脆性折减系数 α_{c2}，则

$$\begin{aligned}
f_{tk} &= 0.88\alpha_{c2}\times0.395f_{cu,m}^{0.55}(1-1.645\delta)\\
&= 0.88\alpha_{c2}\times0.395\left[f_{cu,k}^{0.55}(1-1.645\delta)^{0.55}\right](1-1.645\delta)\\
&= 0.88\alpha_{c2}\times0.395f_{cu,k}^{0.55}(1-1.645\delta)^{0.45}
\end{aligned} \tag{3-21}$$

混凝土的变异系数 δ 按表 3-4 取用。

表 3-4　混凝土的变异系数 δ

混凝土强度等级	C15	C20	C25	C30	C35	C40	C45	C50	C55	C60~C80
变异系数 δ	0.21	0.18	0.16	0.14	0.13	0.12	0.12	0.11	0.11	0.10

混凝土强度设计值与标准值之间的关系为

$$f_c = f_{ck}/\gamma_c \tag{3-22}$$

$$f_t = f_{tk}/\gamma_c \tag{3-23}$$

式中　f_c——混凝土轴心抗压强度设计值；

　　　f_t——混凝土轴心抗拉强度设计值；

　　　γ_c——混凝土的材料分项系数，取值为 1.40。

■ 3.5　结构极限状态的实用设计表达式

3.5.1　承载能力极限状态设计表达式

结构构件的承载力计算，应采用如下承载能力极限状态设计表达式

$$\gamma_0 S_d \leqslant R_d \tag{3-24}$$

$$R_d = R(f_k/\gamma_M, a_d) \tag{3-25}$$

式中　γ_0——结构重要性系数（对持久设计状况和短暂设计状况，安全等级为一级的结构构件，γ_0 不应小于 1.1，安全等级为二级的结构构件，γ_0 不应小于 1.0，对安全等级为三级的结构构件，γ_0 不应小于 0.9；对偶然设计状况和地震设计状况，γ_0 不应小于 1.0）；

　　　S_d——作用组合的效应如轴力、弯矩或表示几个轴力、弯矩的向量设计值；

　　　R_d——结构或结构构件的抗力设计值；

　　$R(\cdot)$——结构或结构构件的抗力设计值函数；

　　　f_k——材料性能的标准值；

　　　γ_M——材料性能的分项系数，其值按 3.4 节及有关的结构设计标准的规定采用；

　　　a_d——几何参数的设计值，a_d 可以采用几何参数的标准值 a_k，当几何参数的变异性对结构性能有明显的不利影响时，$a_d = a_k + \Delta_a$，Δ_a 为几何参数的附加量。

作用在结构构件计算截面上产生的内力一般可按结构力学方法计算。作用指施加在结构上的集中力或分布力（直接作用，也称为荷载）和引起结构外加变形或约束变形的原因（间接作用）。

当结构上施加了多种可变作用，各种可变作用同时以最大值出现的概率是很小的。因此，在确定可变作用组合的效应设计值时，应对所有可能同时出现的诸可变作用的效应加以组合，求得组合后在结构中的总效应。考虑可变作用出现的变化性质，包括是否出现和不同的方向，必须在所有可变作用组合的效应中，取其中最不利的一组作为设计依据。

承载能力极限状态的作用组合分为基本组合、偶然组合和地震组合。对持久和短暂设计状况，应采用作用的基本组合；对偶然设计状况，应采用作用的偶然组合；对地震设计状况，应采用作用的地震组合。

1. 基本组合

基本组合的效应设计值按下式中最不利值确定：

$$S_d = S\left(\sum_{i \geqslant 1} \gamma_{G_i} G_{ik} + \gamma_P P + \gamma_{Q_1} \gamma_{L_1} Q_{1k} + \sum_{j > 1} \gamma_{Q_j} \psi_{cj} \gamma_{L_j} Q_{jk} \right) \tag{3-26}$$

式中　$S(\cdot)$——作用组合的效应函数；

　　　G_{ik}——第 i 个永久作用的标准值；

P——预应力作用的有关代表值；

Q_{1k}——第1个可变作用的标准值；

Q_{jk}——第j个可变作用的标准值；

γ_{G_i}——第i个永久作用的分项系数；

γ_P——预应力作用的分项系数；

γ_{Q_1}、γ_{Q_j}——第1、j个可变作用的分项系数，对活荷载、风荷载、水流力、波浪力、冰荷载、船舶撞击力等均取1.5；

γ_{L_1}、γ_{L_j}——第1个、第j个考虑结构设计使用年限的荷载调整系数，当设计使用年限分别为5年、50年、100年时，分别取为0.9、1.0、1.1；

ψ_{cj}——第i个可变作用的组合值系数。

各种作用的分项系数见表3-4。

表3-4 作用分项系数

作用分项系数	适用情况	
	当作用效应对承载力不利时	当作用效应对承载力有利时
γ_G	1.3	≤1.0
γ_P	1.3	≤1.0
γ_Q	1.5	0

当作用与作用效应按线性关系考虑时，基本组合的效应设计值按下式中最不利值计算：

$$S_d = \sum_{i \geq 1} \gamma_{G_i} S_{G_{ik}} + \gamma_P S_P + \gamma_{Q_1} \gamma_{L1} S_{Q_{1k}} + \sum_{j > 1} \gamma_{Q_j} \psi_{cj} \gamma_{Lj} S_{Q_{jk}} \qquad (3-27)$$

式中 $S_{G_{ik}}$——第i个永久作用标准值的效应；

S_P——预应力作用有关代表值的效应；

$S_{Q_{1k}}$、$S_{Q_{jk}}$——第1个、j个可变作用标准值的效应。

2. 偶然组合

偶然组合的效应设计值按下式确定：

$$S_d = S\left[\sum_{i \geq 1} G_{ik} + P + A_d + (\psi_{f1} \text{ 或 } \psi_{q1}) Q_{1k} + \sum_{j > 1} \psi_{qj} Q_{jk} \right] \qquad (3-28)$$

式中 A_d——偶然作用的设计值；

ψ_{f1}——第1个可变作用的频遇值系数；

ψ_{q1}、ψ_{qj}——第1个、第j个可变作用的准永久值系数。

当作用与作用效应按线性关系考虑时，偶然组合的效应设计值按下式计算：

$$S_d = \sum_{i \geq 1} S_{G_{ik}} + S_P + S_{A_d} + (\psi_{f1} \text{ 或 } \psi_{q1}) S_{Q_{1k}} + \sum_{j > 1} \psi_{qj} S_{Q_{jk}} \qquad (3-29)$$

式中 S_{A_d}——偶然作用设计值的效应。

3. 地震组合

地震组合的效应设计值应符合现行GB 50011《建筑抗震设计规范》的规定，按下式计算。

$$S_d = \gamma_G S_{G_E} + \gamma_{E_h} S_{E_{hk}} + \gamma_{E_v} S_{E_{vk}} + \psi_W \gamma_W S_{W_k} \qquad (3-30)$$

式中 γ_{E_h}、γ_{E_v}——水平、竖向地震作用分项系数，按表3-6取值；

γ_W——风荷载分项系数，应采用1.5；

S_{G_E}——重力荷载代表值的效应，重力荷载代表值应取结构和构配件自重标准值和可变荷载组合值之和；

$S_{E_{hk}}$、$S_{E_{vk}}$——水平、竖向地震作用标准值的效应，尚应乘以相应的调整系数，对钢结构塔架，强度计算时取 0.75，稳定计算时取 0.80，对混凝土结构塔架，受弯梁计算时取 0.75，偏压柱计算时取 0.80，受剪和偏拉构件取 0.85。

S_{W_k}——风荷载标准值的效应；

ψ_W——风荷载组合值系数，因风荷载起控制作用，取 0.2。

表 3-6 地震作用分项系数

地震作用	γ_{E_h}	γ_{E_v}
仅计算水平地震作用	1.3	0.0
仅计算竖向地震作用	0.0	1.3
同时计算水平与竖向地震作用(水平地震为主)	1.3	0.5
同时计算水平与竖向地震作用(竖向地震为主)	0.5	1.3

3.5.2 正常使用极限状态设计表达式

结构或结构构件按正常使用极限状态设计时，应符合下式规定

$$S_d \leqslant C \tag{3-31}$$

式中 C——设计对变形、裂缝等规定的相应限值；

S_d——作用组合的效应设计值。

按正常使用极限状态设计时，宜根据不同情况采用作用的标准组合、频遇组合或准永久组合，并应按下列规定计算：

（1）标准组合 标准组合的效应设计值按下式确定

$$S_d = S\left(\sum_{i \geqslant 1} G_{ik} + P + Q_{1k} + \sum_{j > 1} \psi_{cj} Q_{jk}\right) \tag{3-32}$$

当作用与作用效应按线性关系考虑时，标准组合的效应设计值按下式计算

$$S_d = \sum_{i \geqslant 1} S_{G_{ik}} + S_P + S_{Q_{1k}} + \sum_{j > 1} \psi_{cj} S_{Q_{jk}} \tag{3-33}$$

（2）频遇组合 频遇组合的效应设计值按下式确定

$$S_d = S\left(\sum_{i \geqslant 1} G_{ik} + P + \psi_{f1} Q_{1k} + \sum_{j > 1} \psi_{cj} Q_{jk}\right) \tag{3-34}$$

当作用与作用效应按线性关系考虑时，频遇组合的效应设计值按下式计算

$$S_d = \sum_{i \geqslant 1} S_{G_{ik}} + S_P + \psi_{f1} S_{Q_{1k}} + \sum_{j > 1} \psi_{cj} S_{Q_{jk}} \tag{3-35}$$

（3）准永久组合 准永久组合的效应设计值按下式确定

$$S_d = S\left(\sum_{i \geqslant 1} G_{ik} + P + \sum_{j \geqslant 1} \psi_{qj} Q_{jk}\right) \tag{3-36}$$

当作用与作用效应按线性关系考虑时，准永久组合的效应设计值按下式计算

$$S_d = \sum_{i \geqslant 1} S_{G_{ik}} + S_P + \sum_{j \geqslant 1} \psi_{qj} S_{Q_{jk}} \tag{3-37}$$

对正常使用极限状态，材料性能的分项系数 γ_M，除各种材料的结构设计标准有专门规定外，应取 1.0。

第4章 塔架荷载

本章介绍风力发电机组的荷载及其分析计算方法，包括荷载及其坐标系、坐标系的转换、荷载分类、荷载源、疲劳荷载分析、极限荷载分析、荷载叠加等。

■ 4.1 荷载概述

4.1.1 荷载及其坐标系

风力发电机组的荷载是指外部环境和操作系统作用在其部件上的力或力矩。风电发电机组荷载分析计算的目的是为了计算在特定工况下结构应力和应变，进而进行极限强度校核和疲劳强度校核。大型风力发电机组所受荷载情况非常复杂，目前荷载分析计算需要借助于大型辅助设计软件进行。

风力发电机组的辅助设计软件是应用气体弹性力学来建立数学模型的。气体弹性力学是研究气动特性和弹性变形之间相互作用的学科。荷载计算的气体弹性模型主要建立在叶素动量定理的基础上。叶素动量定理把风流场转换成作用在风力发电机组结构上的荷载。

风力发电机组结构的离散建模常用两种方法，一种是有限元法，另一种是模态分析方法。两种方法都已应用气体弹性模型编制出相应的应用软件。目前已经有一些用于风力发电机组荷载及变形预测的软件得到广泛应用，绝大多数软件提供时域解，少数软件提供频域解。

尽管应用软件可以较为准确地预测风力发电机组的荷载及变形，但是在初步设计时，设计者还是需要一些简易的解析表达式计算结构荷载。本章将会介绍一些常用关系式，供读者参考。同时，这些简易解析表达式的计算结果还可以与应用软件的计算结果相互验证。

一般情况下，风力发电机组各个部件的负载是用不同的坐标系表示的。为了统一负载的表示方法，做如下规定：

（1）塔架坐标系 塔架坐标系（O_t，x_t，y_t，z_t）的坐标原点 O_t 位于塔顶中心，x_t 轴顺风向，z_t 轴铅垂向上，x_t 轴与 y_t、z_t 轴符合右手定则，如图 4-1a 所示。

（2）机舱坐标系 机舱坐标系（O_n，x_n，y_n，z_n）的坐标原点 O_n 位于机舱中心，z_n 轴与 z_t 轴同向，x_n 轴与 x_t 轴成夹角 γ（偏角），x_n 轴与 y_n、z_n 轴符合右手定则，O_n 与 O_t 之间的距离为 z_{tn}，如图 4-1a、b 所示。

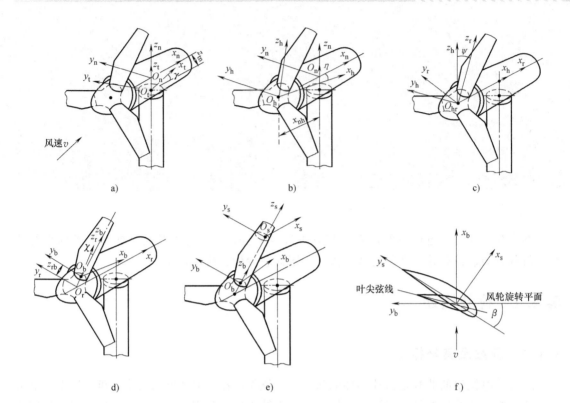

图 4-1 风电机组荷载坐标系
a) 塔架与机舱坐标系 b) 轮毂坐标系 c) 风轮坐标系 d) 叶片坐标系
e) 剖面坐标系 f) 风轮旋转平面与叶片坐标平面

（3）轮毂坐标系 轮毂坐标系（O_h，x_h，y_h，z_h）的坐标原点 O_h 位于轮毂中心，y_h 轴与 y_n 轴同向，x_h 轴与 x_n 轴成夹角 η（风轮仰角），x_h 轴与 y_h、z_h 轴符合右手定则，O_h 与 O_n 之间的距离为 x_{nh}，如图 4-1b 所示。

（4）风轮坐标系 风轮坐标系（O_r，x_r，y_r，z_r）的坐标原点 O_r 与 O_h 重合，x_r 轴（为风轮旋转轴）与 x_h 轴重合，z_h 轴与 z_r 轴成夹角 ψ（方位角），x_r 轴与 y_r、z_r 轴符合右手定则，风轮坐标系跟着风轮旋转，如图 4-1c 所示。

（5）叶片坐标系 叶片坐标系（O_b，x_b，y_b，z_b）的坐标原点 O_b 位于叶片轴线锥角起点处，z_b 轴沿叶片轴线指向外，y_b 轴与 y_r 轴同向，x_b 轴与 y_b、z_b 轴符合右手定则，O_b 与 O_r 之间的距离为 z_{rb}，z_b 轴与 z_r 轴成夹角 χ（风轮锥角），叶片坐标系跟着叶片旋转，如图 4-1d 所示。

（6）剖面坐标系 剖面坐标系（O_s，x_s，y_s，z_s）的坐标原点 O_s 位于叶片剖面与叶片轴线的交点处，y_s 轴平行于剖面几何弦线指向后缘，z_s 轴与 z_b 轴都沿叶片轴线指向外，x_s 轴在剖面平面内垂直于 y_s 轴，x_s 轴与 y_s、z_s 轴符合右手定则，O_s 与 O_b 之间的距离为 z_{bs}，如图 4-1e 所示。

力和力矩的表示方法规定为：x_t 方向的力表示为 F_{xt}，x_t 方向的力矩（按右手定则）表示为 M_{xt}，其他以此类推。

4.1.2 坐标系的转换

1. 位移间的转换

塔架坐标系与机舱坐标系的转换为

$$\begin{bmatrix} x_t \\ y_t \\ z_t \end{bmatrix} = \begin{bmatrix} \cos\gamma & \sin\gamma & 0 \\ -\sin\gamma & \sin\gamma & 0 \\ 0 & 0 & 1 \end{bmatrix} \begin{bmatrix} x_n \\ y_n \\ z_n \end{bmatrix} + \begin{bmatrix} 0 \\ 0 \\ z_{tn} \end{bmatrix} \tag{4-1}$$

机舱坐标系与轮毂坐标系的转换为

$$\begin{bmatrix} x_n \\ y_n \\ z_n \end{bmatrix} = \begin{bmatrix} \cos\eta & 0 & \sin\eta \\ 0 & 1 & 0 \\ -\sin\eta & 0 & \cos\eta \end{bmatrix} \begin{bmatrix} x_h - x_{nh} \\ y_h \\ z_h \end{bmatrix} \tag{4-2}$$

轮毂坐标系与风轮坐标系的转换为

$$\begin{bmatrix} x_h \\ y_h \\ z_h \end{bmatrix} = \begin{bmatrix} 1 & 0 & 0 \\ 0 & \cos\psi & \sin\psi \\ 0 & -\sin\psi & \cos\psi \end{bmatrix} \begin{bmatrix} x_r \\ y_r \\ z_r \end{bmatrix} \tag{4-3}$$

风轮坐标系与叶片坐标系的转换为

$$\begin{bmatrix} x_r \\ y_r \\ z_r \end{bmatrix} = \begin{bmatrix} \cos\chi & 0 & \sin\chi \\ 0 & 1 & 0 \\ -\sin\chi & 0 & \cos\chi \end{bmatrix} \begin{bmatrix} x_b \\ y_b \\ z_b \end{bmatrix} + \begin{bmatrix} 0 \\ 0 \\ z_{rb} \end{bmatrix} \tag{4-4}$$

叶片坐标系与剖面坐标系的转换为

$$\begin{bmatrix} x_b \\ y_b \\ z_b \end{bmatrix} = \begin{bmatrix} \cos\beta & \sin\beta & 0 \\ -\sin\beta & \sin\beta & 0 \\ 0 & 0 & 1 \end{bmatrix} \begin{bmatrix} x_s \\ y_s \\ z_s \end{bmatrix} + \begin{bmatrix} 0 \\ 0 \\ z_{bs} \end{bmatrix} \tag{4-5}$$

2. 速度间的转换

塔架坐标系与机舱坐标系的转换为

$$\begin{bmatrix} v_{xt} \\ v_{yt} \\ v_{zt} \end{bmatrix} = \begin{bmatrix} \cos\gamma & \sin\gamma & 0 \\ -\sin\gamma & \sin\gamma & 0 \\ 0 & 0 & 1 \end{bmatrix} \begin{bmatrix} v_{xn} \\ v_{yn} \\ v_{zn} \end{bmatrix} \tag{4-6}$$

机舱坐标系与轮毂坐标系的转换为

$$\begin{bmatrix} v_{xn} \\ v_{yn} \\ v_{zn} \end{bmatrix} = \begin{bmatrix} \cos\eta & 0 & \sin\eta \\ 0 & 1 & 0 \\ -\sin\eta & 0 & \cos\eta \end{bmatrix} \begin{bmatrix} v_{xh} \\ v_{yh} \\ v_{zh} \end{bmatrix} \tag{4-7}$$

轮毂坐标系与风轮坐标系的转换为

$$\begin{bmatrix} v_{xh} \\ v_{yh} \\ v_{zh} \end{bmatrix} = \begin{bmatrix} 1 & 0 & 0 \\ 0 & \cos\psi & \sin\psi \\ 0 & -\sin\psi & \cos\psi \end{bmatrix} \begin{bmatrix} v_{xr} \\ v_{yr} \\ v_{zr} \end{bmatrix} \tag{4-8}$$

风轮坐标系与叶片坐标系的转换为

$$\begin{bmatrix} v_{xr} \\ v_{yr} \\ v_{zr} \end{bmatrix} = \begin{bmatrix} \cos\chi & 0 & \sin\chi \\ 0 & 1 & 0 \\ -\sin\chi & 0 & \cos\chi \end{bmatrix} \begin{bmatrix} v_{xb} \\ v_{yb} \\ v_{zb} \end{bmatrix} \tag{4-9}$$

叶片坐标系与剖面坐标系的转换为

$$\begin{bmatrix} v_{xb} \\ v_{yb} \\ v_{zb} \end{bmatrix} = \begin{bmatrix} \cos\beta & \sin\beta & 0 \\ -\sin\beta & \sin\beta & 0 \\ 0 & 0 & 1 \end{bmatrix} \begin{bmatrix} v_{xs} \\ v_{ys} \\ v_{zs} \end{bmatrix} + \begin{bmatrix} 0 \\ 0 \\ z_{bs} \end{bmatrix} \tag{4-10}$$

4.1.3 荷载分类

荷载可以按荷载源、结构设计要求、时变特性等原则进行分类。

1. 按荷载源分类

1）空气动力荷载。空气动力为负载的主要来源，它取决于风况、机组的气动特性、结构特性和运行条件等因素。

2）重力荷载。

3）惯性荷载。叶片旋转会产生离心力。叶片旋转时进行偏航会产生回转力矩。

4）操作荷载。来自控制系统的驱动荷载，如发电机的速度调节、制动、偏航、变桨距等都会引起机组结构和部件上的负载变化。

5）其他荷载。如地震波、波浪、覆冰等。

2. 按结构设计要求分类

1）最大极限荷载。风力发电机组可能承受的最大荷载。

2）疲劳荷载。疲劳荷载是作用于风力发电机组的交变循环荷载，它是寿命设计需要考虑的主要因素。

3. 按荷载的时变特性分类

1）平稳荷载。指均匀风速、叶片离心力、塔架重力等荷载，包括静荷载。

2）循环荷载。指风剪力、偏角、重力等引起的周期性荷载。

3）随机荷载。如湍流引起的空气动力荷载。

4）瞬变荷载。由阵风、开机、关机、冲击、变桨距等操作引起的荷载。

4.1.4 荷载源

1. 叶片上的荷载

（1）空气动力荷载　作用在叶片上的荷载包括摆振方向的剪力 F_{yb} 和弯矩 M_{xb}、挥舞方向的剪力 F_{xb} 和弯矩 M_{yb}，以及变桨距时与变桨距力矩平衡的叶片俯仰力矩 M_{zb}。叶片上的空气动力荷载可根据叶素—动量定理计算，计算时先求出轴向诱导因子 a 和切向诱导因子 a'，再求得叶素上的气流速度三角形及作用在叶素上的法向力 $\mathrm{d}F_n$ 和切向力 $\mathrm{d}F_t$，然后通过积分求出作用在叶片上的空气动力荷载 F_{xb}、F_{yb}、M_{xb} 和 M_{yb}

叶片的上升力
$$F_{xb} = \frac{1}{2}\int_{r_0}^{R} \rho w^2 c C_l \mathrm{d}r \tag{4-11}$$

叶片上的阻力

$$F_{yb} = \frac{1}{2} \int_{r_0}^{R} \rho w^2 c C_d \, dr \tag{4-12}$$

$$M_{xb} = \frac{1}{2} \int_{r_0}^{R} \rho w^2 c C_t r \, dr \tag{4-13}$$

$$M_{yb} = \frac{1}{2} \int_{r_0}^{R} \rho w^2 c C_n r \, dr \tag{4-14}$$

$$C_n = C_l \cos\varphi + C_d \sin\varphi$$

$$C_t = C_l \sin\varphi - C_d \cos\varphi$$

式中　R——风轮半径；

　　　r_0——轮毂半径；

　　　r——叶素 dr 距旋转轴的径向距离；

　　　ρ——空气密度；

　　　w——相对速度；

　　　c——几何弦长；

　　　C_l——翼型升力特征系数；

　　　C_d——翼型阻力特征系数；

　　　φ——气流倾角。

一般翼型空气动力数据都是相对于翼型 1/4 弦线位置，因此，其俯仰力矩可表示为

$$dM_{zb} = \frac{1}{2} \rho w^2 c^2 C_m \, dr \tag{4-15}$$

式中　C_m——翼型俯仰力矩系数。

当叶片变桨距轴线位于 1/4 弦线处时，通过积分得到叶片的变桨距空气动力力矩。当叶片变距轴线不在 1/4 弦线处时，叶片变桨距力矩可表示为

$$M_w = \frac{1}{2} \int_{r_0}^{R} \left\{ \rho w^2 c^2 \left[C_m + C_n (\bar{y}_z - 0.25) \right] \right\} dr \tag{4-16}$$

式中　$\bar{y}_z$——变桨距轴线到翼剖面前缘的距离与弦长的比值。

图 4-2 给出了风轮有/无风剪切和塔影效应时，叶片根部摆振方向变矩和挥舞方向弯矩

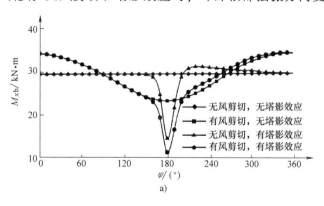

图 4-2　有/无风剪切和塔影效应时弯矩随叶片方位角的变化

a）摆振方向

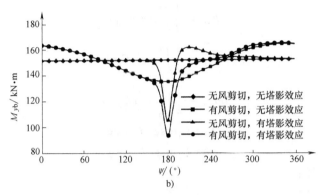

图 4-2　有/无风剪切和塔影效应时弯矩随叶片方位角的变化（续）

b）挥舞方向

随叶片方位角的变化曲线。由图可知：由于风剪切和塔影效应的影响，在不同方位角下流经叶片的气流速度发生变化，使风力发电机组叶片承受交变荷载。

图 4-3 给出了风轮有风剪切和偏角时，叶片根部摆振方向弯矩和挥舞方向弯矩随叶片方位角的变化曲线。由图可知：当风轮偏航时或风向角变化时，垂直于风轮旋转平面上的风速分量发生变化，因此，作用在叶片上的空气动力荷载也相应发生变化。

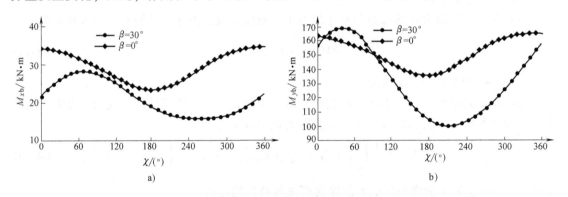

图 4-3　有风剪切和偏角时弯矩随叶片方位角的变化

a）摆振方向　b）挥舞方向

（2）重力荷载　作用在叶片上的重力荷载对叶片产生摆振方向的弯矩，它随着叶片方位角的变化呈现周期的变化，是叶片的主要疲劳荷载。

叶片上每个叶素有一个集中质量 m_i，则由它产生的重力 F_g 为

$$F_g = \sum_{i=1}^{n} m_i g \tag{4-17}$$

或表示为

$$F_g = \int_{r_0}^{R} \rho A g \mathrm{d}r$$

式中　A——叶素的面积。

重力荷载方向总是向下，所以可能在叶片上引起拉（压）力、剪力、弯矩和扭矩。

（3）惯性荷载　叶片上的惯性荷载包括离心力和回转力矩。

1）离心力。在叶根处，离心力为

$$F_c = \sum_{i=1}^{n} m_i \Omega_r^2 r_i \qquad (4-18)$$

式中　m_i——第 i 个叶素的质量；

　　　Ω_r——风轮角速度；

　　　r_i——第 i 个叶素的半径。

或表示为

$$F_c = \int_{r_0}^{R} \rho A \Omega_r^2 r \mathrm{d}r$$

一般来说，叶素的离心力不一定与叶片轴共线，所以可能在叶片上引起拉力、剪力、弯矩和扭矩。

由于风轮旋转在叶片上产生的离心力总是与旋转轴垂直向外的。当作用在叶片上挥舞方向弯矩使柔性叶片偏离风轮旋转平面时，叶片上的离心力在挥舞方向产生的弯矩可以减小叶片的偏离，称为离心力刚化叶片效应。

2）回转力矩。当风轮旋转并同时作偏航运动时，将产生垂直轴的偏航力矩 M_K 及在风轮平面内绕水平轴的倾覆力矩 M_G。

对三叶片风轮，由于受回转荷载的影响，偏航力矩的净效果为零，$M_K = 0$，而倾覆力矩为

$$M_G = \frac{3M_0}{2} \qquad (4-19)$$

$$M_0 = 2\omega_w \Omega_r \sum_{i=1}^{n} m_i r_i^2$$

式中　ω_w——偏航速度。

对二叶片风轮，由于受回转荷载的影响，偏航力矩 M_K 和倾覆力矩 M_G 出现周期性变化，即

$$M_K = 2M_0 \cos(\Omega_r t) \sin(\Omega_r t) \qquad (4-20)$$

$$M_G = 2M_0 \cos^2(\Omega_r t) \qquad (4-21)$$

上述结论是在忽略风轮倾角和锥角的前提下得到的。

（4）操纵荷载　作用在风力发电机组上的操纵荷载是由于操纵机组时，对其部件施加的附加荷载，并由该荷载引起发电机组部件加速度响应而诱导产生的惯性荷载。叶片上的操纵荷载主要是在空气动力制动或变桨距时产生的。

2．轮毂上的荷载

作用在轮毂上的荷载包括转矩、轴向力、偏航力矩和俯仰力矩。一般来说，大型风力发电机组轮毂都是安置在整流罩内，因此，作用在轮毂上的荷载主要是由叶片的荷载传递到轮毂上。作用在轮毂上的转矩是风轮轴功率的来源，它由叶片摆振力矩 M_{xb} 合成产生，与叶片挥舞力矩一样随叶片的方位角变化，如图4-4所示。失速型风力发电机组和变速恒频型风力发电机组风轮转矩随风速变化情况不同：在高风速区，失速型风力发电机组靠叶片失速来控制转矩增加；而变速恒频型风力发电机组靠变化叶片桨距角来控制转矩，使得其转矩比失速型风力发电机组更平坦。

作用在轮毂上的轴向力（推力）主要由叶片挥舞方向剪力 F_{xb} 合成产生。由于风剪切效应和塔影效应等影响，风轮轴向力（推力）随叶片方位角变化，如图4-5所示。失速型风

力发电机组和变速恒频型风力发电机组风轮推力随风速变化情况不同：在高风速区，失速型风力发电机组风轮推力随风速增大而增大，变速恒频风力发电机组则由于叶片桨距角的变化，使风轮推力随风速增大而减小，如图4-6所示。

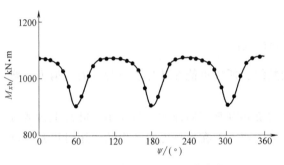

图4-4 转矩随叶片方位角的变化

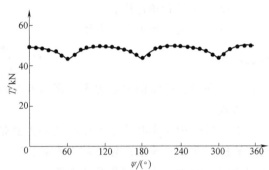

图4-5 轴向力随叶片方位角的变化

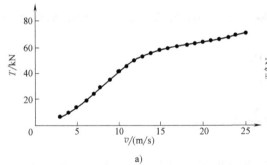

a)

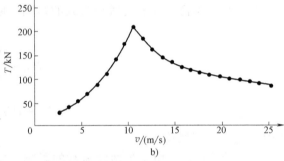

b)

图4-6 轴向力随风速的变化

a）300kW失速型风力发电机组　b）1500kW变速恒频风力发电机组

作用在轮毂上的偏航力矩和俯仰力矩是由于风力发电机组运行时风轮叶片不对称，叶片在不同方位角时受到不均匀的荷载，以及风轮偏航运动和风轮倾角等影响而产生的。图4-7给出了作用在轮毂上的偏航力矩随叶片方位角的变化情况。

3. 主轴上的荷载

作用在主轴上的荷载主要是由轮毂上的荷载传递的。它包括转矩和两个方向（水平方向和垂直方向）的弯矩。主轴上的转矩与轮毂上的转矩相等；主轴上的水平方向弯矩与轮毂上的偏航力矩相等；主轴上的垂直方向弯矩由轮毂（风轮）的俯仰力矩与风轮系统的重力矩合成产生。

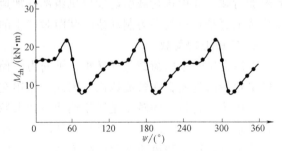

图4-7 偏航力矩随叶片方位角的变化

除上述荷载，还有机械制动时作用在主轴上的摩擦力和发电机并网和脱网时作用在主轴上的冲击荷载。

4. 机舱上的荷载

机舱上的荷载包括作用在机舱罩上的荷载和作用在机舱底座上的荷载。作用在机舱罩上的荷载主要是空气动力荷载，作用在机舱底座上的荷载除了由风轮系统传递的荷载，还包括机舱内传动系统传递的荷载。

5. 塔架上的荷载

作用在塔架上的荷载包括扭矩、两个方向（轴向和侧向）的弯矩及塔顶上的重力荷载。塔架上的荷载除了由偏航系统传递的荷载，还包括直接作用在塔架上的空气动力荷载和塔架自身的重力荷载。

机舱和塔架上的空气动力荷载 F_d 可以由式（4-22）计算得到

$$F_d = \frac{1}{2} C_D \rho A v_1^2 \tag{4-22}$$

式中　C_D——阻力系数；

　　　A——垂直于来流的投影面积；

　　　v_1——来流速度。

需要指出的是，上述风力发电机组荷载计算方法没有采用风力发电机组气动弹性模型，当考虑风力发电机组的气动弹性时，由于风力发电机组的一些部件（如叶片、塔架）会产生动力响应，从而产生交变的荷载。目前已有一些专用软件可以预测风力发电机组荷载。

■ 4.2　荷载分析

风力发电机组的荷载种类多，作用形式复杂，而且多数荷载为随机荷载。本节介绍随机荷载的分析和合成方法。

4.2.1　疲劳荷载

1. 基本概念

在疲劳强度设计中，首先应该解决的问题就是确定作用在风力发电机组上的荷载。实际服役中的风力发电机组承受的荷载一般可分成两种：一种是有确定变化规律的荷载；另一种是不确定的幅值和频率随时间变化而变化的荷载，这种荷载称随机荷载。如图 4-8 所示。

风力发电机组承受的荷载，大多为连续的随机荷载。荷载的峰值和谷值随时间变化的过程称为"荷载—时间历程"。真实的荷载—时间历程是千变万化的，且容量大、时间长，看起来杂乱无章，但它可用概率和数理统计的方法来描述。

为了压缩时间，便于进行风力发电机组的疲劳试验和疲劳寿命估算，需要对实测的荷载—时间历程加以简化，简化成能反映真实情况具有代表性的"典型荷载谱"。通常是将随机荷载简化成按一定程序施加不同幅值的"程序荷载谱"。该谱的每个周期由若干级恒幅荷载循环组成，同一级的荷载循环称为一个"程序块"，每一周期内的程序块按一定

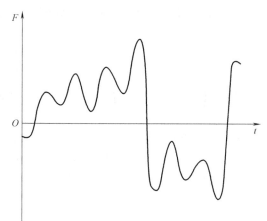

图 4-8　随机荷载—时间历程

规则排列而成。图 4-9 是按低—高—低序列编成的荷载谱。

由实际的荷载—时间历程简化成典型荷载谱的过程称为"编谱"。编谱时必须遵循损伤等效原则，即能把一个连续的随机荷载对零件所造成的损伤当量定量地反映出来。

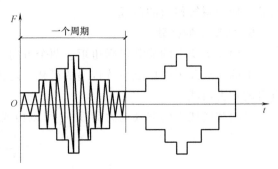

图 4-9　程序荷载谱

由于荷载谱具有典型性、集中性和概括性的特点，因而成为疲劳试验的基础，也是疲劳寿命估算的依据。

荷载谱除了以荷载—时间历程给出，还常用力矩—时间历程、转矩—时间历程等形式给出。

把荷载—时间历程简化成一系列的全循环或半循环的过程称为"计数法"。其实质是从构成疲劳损伤的角度，研究复杂应力波形中某些量值出现的次数，并对同类量值出现的次数加以累计。实践证明，同一荷载—时间历程，使用不同的计数法，编出的荷载谱差别很大。

目前已有十多种计数法，就其所计对象的特征而言，大体上可分为三大类，即峰值计数法、穿级计数法、振程计数法；从统计参数多少，可分为两大类，即单参数法和双参数法。单参数法是指只考虑荷载循环中的一个变量，如变程（相邻的峰谷值之差）。双参数法则同时考虑两个变量，如变程和均值，这样就可以把疲劳荷载的固有特性都描述出来。

2. 雨流计数法

当前国内外在处理疲劳荷载中，用得最多的是"雨流计数法"。该法在计数原则上有一定的力学依据，并具有较高的准确性，也易于实现自动化。

如图 4-10a 所示，对一个实际的荷载—时间历程，取一垂直向下的纵坐标轴表示时间，横坐标轴表示荷载。这样荷载—时间历程形同一座宝塔，雨点以峰值、谷值为起点向下流动，根据雨点向下流动的迹线确定荷载循环，这就是雨流计数法（或称塔顶法）名称的由来。其计数规则为：

1）雨流的起点依次在每个峰（谷）值的内侧开始。

2）雨流在下一个峰（谷）值处落下，直到对面有一个比开始时的峰（谷）值更大（小）值为止。

3）当雨流遇到来自上面屋顶流下的雨时就停止。

4）取出所有的全循环，并记下各自的振程。

5）按正、负斜率取出所有的半循环，并记下各自的振程。

6）把取出的半循环按雨流计数法第二阶段计数法则处理并计数。

根据上述规则，图 4-10a 中的第一个雨流应从 O 点开始，流到 a 点落下，经 b 与 c 之间的 a' 点继续流到 c 点落下，最后停止在比谷值 O 更小的谷值 d 的对应处。取出一个半循环 $O\text{-}a\text{-}a'\text{-}c$。第二个雨流从峰值 a 的内侧开始，由 b 点落下，由于峰值 c 比 a 大，故雨流停止于 c 的对应处，取出半循环 $a\text{-}b$。第三个雨流从 b 点开始流下，由于遇到来自上面的雨流 $O\text{-}a\text{-}a'$，故止于 a' 点，取出半循环 $b\text{-}a'$。因 $b\text{-}a'$ 与 $a\text{-}b$ 构成闭合的应力—应变回线，则形成一个全循环 $a'\text{-}b\text{-}a$。依次处理，最后可以得到如图 4-10a 所示的荷载—时间历程中三个全循环

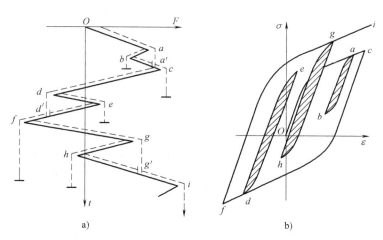

图 4-10 雨流计数法原理

a）计数法 b）应力—应变回线

（a'-b-a，d'-c-d，g'-h-g）和三个半循环（O-a-a'-c，c-d-d'-f，f-g-g'-i）。

图 4-10b 是该荷载历程作用下的材料应力—应变回线，可见与雨流计数法所得结果是一致的。

一个实际的荷载—时间历程，经过雨流计数法计数并取出全循环之后，剩下的半循环构成了一个发散—收敛的荷载谱，按上述雨流计数法规则无法继续计数，借用技术方法既麻烦又增加了误差。如把它改造一下使之变成收敛—发散谱后，就可继续用雨流计数法计数，这就是雨流法计数第二阶段。

图 4-11a 为一发散—收敛谱，从最高峰值 a_1 或最低谷值 b_1 处截成两段，使左段起点 b_n 和右段末点 a_n 相连接，构成如图 4-10b 所示的发散—收敛谱，则继续用雨流计数法计数直到完毕。

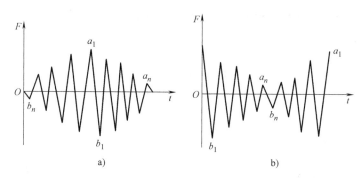

图 4-11 雨流计数法第二阶段计数原理

a）改造前 b）改造后

如果用双参数雨流计数法，其计数结果以矩阵形式给出最为方便和清楚。

表 4-1 给出了雨流计数法计数结果，表中峰值和谷值读数各分成 11 组，组距为 2。在组限一栏内只标明了下限 0、2、4、…、20，阵内的数值表示循环频数，如峰值（组中值）为 11、谷值（组中值）为 9 的荷载循环，共发生 45 次。方阵内同一条"左上右下"对角线上的数值代表具有相同幅值的循环频数；同一条"左下右上"对角线上的数值则代表具有相

同均值的循环频数。这样，从表中可清楚看出任一幅值和均值发生的频数。一般以幅值和均值作为两个参数，则表 4-1 对此双参数提供了充分的统计资料。

表 4-1　雨流计数法计数结果

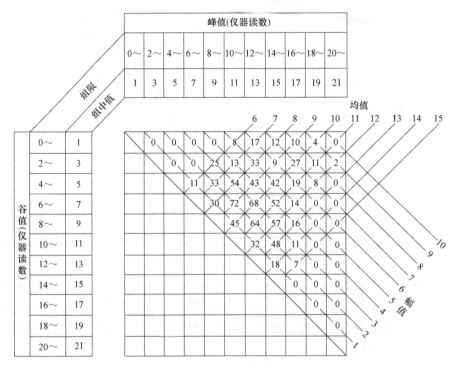

3. 荷载谱编制

对随机荷载进行了雨流计数法统计处理之后，根据得到的幅值频率作出直方图判断分布类型，有正态分布、威布尔分布、瑞利分布和极值分布等，其中常用的有正态分布和威布尔分布两种。然后用相应的概率坐标纸检验，最终确定分布形式。

正态频率分布函数形式为

$$f(A) = \frac{1}{\sigma\sqrt{2\pi}} e^{-\frac{(A-\mu)^2}{2\sigma^2}} \tag{4-23}$$

式中　A——幅值；

　　　σ——母体标准离差；

　　　μ——母体均值。

威布尔频率分布函数形式为

$$f(A) = \frac{b}{A_a - A_0}\left(\frac{A-A_0}{A_a-A_0}\right)^{b-1} e^{-\left(\frac{A-A_0}{A_a-A_0}\right)^b} \tag{4-24}$$

式中　A_0——最小幅值；

　　　A_a——特征参数；

　　　b——形状参数。

在疲劳研究中，为了便于试验和计算，常将随机荷载统计的结果以累积频数曲线表示，如图 4-12 中的光滑曲线。

编谱时，首先应该指定一个包括所有状态谱时间 T_s，即所编典型谱代表多少工作小时；其次应根据风力发电机组实际使用或计划使用的结果，给出各种荷载状态在整个寿命周期内所占的比例，据此推知在谱时间 T_s 内幅值发生总频数，再乘以对应状态的超值频数频率，即得超值累积频数；最后以幅值为纵坐标，超值累积频数为横坐标（对数坐标），由光滑曲线连接各点，即得累积频数曲线。

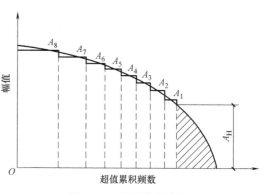

图 4-12　累积频数曲线

目前所有的计数法都未计及荷载循环先后次序的影响。为此，将简化后的程序荷载谱周期取得短一些，则荷载先后次序的影响对试验结果会减至最低程度。表 4-2 是荷兰国家宇航试验室的试验结果。

表 4-2　荷载循环先后次序的影响

荷载序列		裂纹扩展寿命(循环数)	百分比
随机加载		1167000	100%
短周期程序加载 （每周期 40 循环）	低-高序列	1113000	95%
	低-高-低序列	1197000	103%
	高-低序列	1333000	114%
长周期程序加载 （每周期 40000 循环）	低-高-低序列	3012000	258%
	高-低序列	3639000	312%

由表 4-2 可见，在长周期程序加载下，采用低-高-低加载序列，则裂纹扩展寿命为随机加载 3 倍，而在短周期程序加载下，对寿命扩展影响不大。

试验用程序荷载谱一般分为 8 级左右，如图 4-11 所示，可根据累积频数曲线求得各幅值 A_1、A_2、$\cdots$、A_8 的频数 n_1、n_2、$\cdots$、n_8，最后简化成图 4-13 中的程序块。

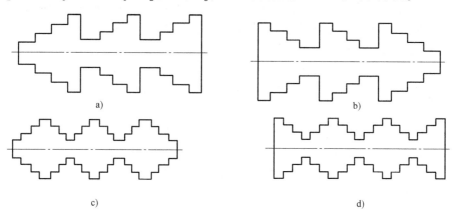

a)

b)

c)

d)

图 4-13　四种不同加载次序
a) 低-高　b) 高-低　c) 低-高-低　d) 高-低-高

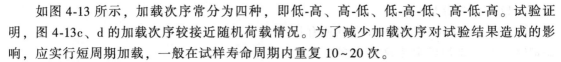

如图 4-13 所示，加载次序常分为四种，即低-高、高-低、低-高-低、高-低-高。试验证明，图 4-13c、d 的加载次序较接近随机荷载情况。为了减少加载次序对试验结果造成的影响，应实行短周期加载，一般在试样寿命周期内重复 10~20 次。

4. 等效荷载

一旦建立了风力发电机组设计寿命期内各种运行模式下的荷载谱，便能方便地定义对应等效循环数 n_{eq} 的等效损伤荷载范围 S_0。这就是各种循环次数 n_i 相应的应力范围 S_i 组成的真实荷载谱同样累积损伤的一个恒定荷载范围 S_0。如果选定或规定等效循环数 n_{eq}，等效荷载范围 S_0 可根据下式求得

$$S_0 = \left(\frac{\sum_i n_i S_i^m}{n_{eq}} \right)^{1/m} \tag{4-25}$$

式中　　m——材料 S-N 曲线的斜率。

4.2.2 极限荷载

风力发电机组在进行抗极限荷载破坏设计时，需要得出其极限荷载响应，此时的极限荷载分布很有意义。通常考虑如下荷载工况：

1) 切出风速附近 10min 平均风速下的正常运行。

2) 50 年一遇 10min 平均风速下的停机状态。

3) 保护系统故障、高风速下的故障运行。

对于上述荷载工况，假定通过气体弹性仿真得到 n 个 10min 时间序列荷载响应 X。下面的量与从 n 个时间序列中得到的荷载响应 X 有关：

1) 均值 μ。

2) 标准偏差 σ。

3) 偏斜度 α_3。

4) 峰度 α_4。

5) 均值 μ 上的比率 ν_μ。

6) 10min 最大值 X_m。10min 荷载响应 X 最大值 X_m 不是一个固定值，但有其固有的可变性，可以由一个概率分布来表示。这种固有的可变性用 n 个仿真时间序列的不同 X_m 值来反映。10min 最大荷载响应的均值用 μ_m 表示，标准偏差用 σ_m 表示。设计上，特征荷载响应通常取 10min 最大荷载响应分布的某个分位数。

有两种基本方法来预测最大荷载响应及其分布的特定分位数：

1) 统计模型。它利用了从以 n 个仿真最大值 X_m 表示的 n 个仿真时间序列得到的最大荷载响应的信息。

2) 半解析模型。基于随机过程理论，它利用了以 4 个统计矩 μ、σ、α_3、α_4 及交叉比率 ν_μ 表示的荷载响应过程的信息。

在随后的内容中将对两种方法及其精度水平进行讨论。

1. 统计模型

10min 最大荷载响应 X_m 可以假定趋近于冈贝尔分布，即

$$F_{X_m}(X_m) = \exp\{-\exp[-\alpha(X_m - \beta)]\} \tag{4-26}$$

式中　α——尺度参数；

　　　β——位置参数。

将从 n 个仿真时间序列得到的 n 个最大荷载响应观察值 X_m 按照从小到大的顺序排列，即 $X_{m,1}$，$\cdots$，$X_{m,n}$。利用这些数据可以计算得到两个系数 b_0 和 b_1，即

$$b_0 = \frac{1}{n}\sum_{r=1}^{n}X_{m,r}$$

$$b_1 = \frac{1}{n}\sum_{r=1}^{n}\frac{r-1}{n-1}X_{m,r}$$

而 α 和 β 可以由下式估计

$$\hat{\alpha} = \frac{\ln 2}{2b_1 - b_0}$$

$$\hat{\beta} = b_0 - \frac{\gamma_E}{\hat{\alpha}}$$

式中　γ_E——欧拉常数，$\gamma_E = 0.57722$。

X_m 的平均值和标准偏差通过下式分别进行估计

$$\hat{\mu}_m = \hat{\beta} + \frac{\gamma_E}{\hat{\alpha}} \tag{4-27}$$

$$\hat{\sigma}_m = \frac{\pi}{\hat{\alpha}\sqrt{6}} \tag{4-28}$$

X_m 分布的 θ 分位数通过下式进行估计

$$\hat{X}_{m,\theta} = \hat{\mu}_m + k_\theta\hat{\sigma}_m \tag{4-29}$$

式中

$$k_\theta = \frac{\sqrt{6}}{\pi}\left[-\ln\left(\ln\frac{1}{\theta}\right) - \gamma_E\right]$$

θ 分位数估计的标准误差通过下式进行估计

$$se(\hat{X}_{m,\theta}) = \frac{\hat{\sigma}_m}{\sqrt{n}}\sqrt{1 + 1.14k_\theta + 1.1k_\theta 2}$$

对于 θ 分位数由均值 μ_m 取代的特殊情况，上式简化为

$$se(\hat{\mu}_m) = \frac{\hat{\sigma}_m}{\sqrt{n}}$$

假定 θ 分位数估计为正态分布，则其 $1-\alpha$ 置信度下 θ 分位数的双边置信区间变成

$$\hat{X}_{m,\theta} \pm t_{1-\frac{\alpha}{2},n-1}se(\hat{X}_{m,\theta})$$

式中　$t_{1-\alpha/2,n-1}$——具有 $n-1$ 个自由度的 t 分布的 $1-\alpha/2$ 分位数。

如果目的是得到指定置信度下的特征值，则通常取置信度的上限值，也就是说只考虑单边置信区间。带置信度 $1-\alpha$ 的特制参数变为

$$X_{m,\theta} + t_{1-\alpha,n-1}se(\hat{X}_{m,\theta}) \tag{4-30}$$

应该注意的是，为了获得足够精确的 $X_{m,\theta}$ 或 μ_m 估计值，需要足够多的仿真次数 n。

如，考虑一个荷载响应过程 X，它的 10min 极限值 X_{max} 根据 $n=5$ 次的 10min 仿真时间

序列进行估计。关于极值分布的估计如下

$$\hat{\alpha}=3.69,\hat{\beta}=3.87,\hat{\mu}_m=4.02,\hat{\sigma}_m=0.35$$

求当分位数 $\theta=95\%$ 时，即 $1-\alpha=95\%$ 时的 X_{max} 估计。给定 $k_\theta=1.866$，95%分位数下 X_{max} 的中心估计值为

$$\hat{X}_{m,95\%}=4.02+1.886\times0.35=4.673$$

此估计下的标准误差为

$$se(\hat{X}_{m,95\%})=2.64\frac{0.35}{\sqrt{5}}=0.413$$

t 分布下的相关分位数 $t_{1-\alpha/2,n-1}=2.78$，$X_{m,95\%}$ 的双边置信区间变成了 $4.673\pm2.78\times0.413=4.673\pm1.148$，这表示在中心估计值附近有很宽的区间。如果 n 由 5 次变为 100 次，则区间大大缩小为 4.673 ± 0.183。

2. 半解析模型

半解析模型是由达文波特于1961年提出的，它利用了 n 个 10min 荷载响应时间序列更多的信息，而不仅仅是 n 个最大响应值 X_m。荷载响应 X 可以看作 10min 序列的随机过程。过程 X 可以看作母标准高斯过程 U 的二次变换，即

$$X=\zeta+\eta(U+\varepsilon U^2) \qquad (\varepsilon\ll1) \tag{4-31}$$

下列表达式给出了系数的一阶近似

$$\varepsilon=\frac{\alpha_3}{6}$$

$$\eta=\sigma$$

$$\zeta=\mu-\varepsilon\sigma$$

式中用到了荷载响应过程 X 的均值 μ、标准差 σ 和偏斜度 α_3。

X_m 的均值和标准偏差的估计分别为

$$\hat{\mu}_m=\eta+\zeta\left[\sqrt{2\ln(\nu_\mu T)}+\varepsilon 2\ln(\nu_\mu T)\right]+\frac{\gamma_E\zeta\left[1+2\varepsilon\sqrt{2\ln(\nu_\mu T)}\right]}{\sqrt{2\ln(\nu_\mu T)}} \tag{4-32}$$

$$\hat{\sigma}_m=\frac{\pi\eta}{\sqrt{6}}\frac{1+2\varepsilon\sqrt{2\ln(\nu_\mu T)}}{\sqrt{2\ln(\nu_\mu T)}} \tag{4-33}$$

对应地，T 表示持续时间，通常指仿真时间序列长度，也就是 $T=10min$。对应的冈贝尔分布参数 α 和 β 的估计表示为

$$\hat{\alpha}=\frac{\pi}{\hat{\sigma}_m\sqrt{6}}$$

$$\hat{\beta}=\hat{\mu}_m-\frac{\gamma_E}{\hat{\alpha}}$$

均值 $\hat{\mu}_m$ 的标准误差为

$$se(\hat{\mu}_m)=\frac{\hat{\sigma}_m}{\sqrt{n}}$$

式中　n——样本尺寸，也就是上式中估计 μ_m 的 10min 序列个数。

如果认为通过式（4-33）可以准确确定 $\hat{\sigma}_m$，则 $1-\alpha$ 置信度下 μ_m 的双边置信区间为

$$\hat{\mu}_m \pm u_{1-\frac{\alpha}{2}} \frac{\hat{\sigma}_m}{\sqrt{n}} \tag{4-34}$$

式中　$u_{1-\frac{\alpha}{2}}$——标准正态分布函数的 $1-\alpha/2$ 分位数。

3. 两种模型的比较

半解析结果通常可以提供比统计结果更高精度的极值估计，这是因为半解析方法比统计方法利用了更多的信息。换句话说，为了获得同样精度的极值估计，半解析法比统计方法需要更小的采样尺寸 n。因此，在预测极限荷载时，通常采用基于仿真荷载响应过程统计的半解析法，而不是仅仅采用最大观测值。

两个或更多随机选择的 10min 仿真时间序列可能给出十分不同的极限值。这就意味着如果只通过少数次仿真，选取平均极限荷载或最大荷载作为破坏荷载，而不对极限荷载的统计特性进行恰当的考虑，将不会得到可重复的结果。进一步而言，该结果不能外推得到由分位数确定的特征值，也不能推广到持续时间不同于 10min 的荷载工况。半解析法考虑了极限荷载的随机特性，为通过荷载响应仿真时间序列对极限荷载进行分析提供了一种基本方法。

4. 周期荷载的修正

前面介绍的半解析模型能够对不在运行状态的风力发电机组的极限荷载提供十分准确的预测。对于运行状态下的荷载工况，必须考虑某些荷载的响应均值和标准偏差具有的周期性。为此，可以采用基于方位的"分仓（binning）"方法。其基本原理是，将风轮盘划分为若干个扇区，每个扇区利用其方位角进行区分，当风轮盘被离散成 m 个等直径等角度的扇区时，荷载响应过程的扇区均值及标准偏差就可以分别表示为

$$\mu_i = \mu\left[\frac{2\pi}{m}\left(i-\frac{1}{2}\right)\right] \tag{4-35}$$

$$\sigma_i = \sigma\left[\frac{2\pi}{m}\left(i-\frac{1}{2}\right)\right] \tag{4-36}$$

式中　μ、σ——荷载响应 X 的平均值、标准偏差；

　　　m——风轮盘扇区数，建议取 $m=36$。

令 α 和 β 表示在时间历程 T 下正则化过程 $(X-\mu)/\alpha$ 最大值的冈贝尔分布的分布参数，它们可以通过上述分析模型确定。时间历程 T 内所有扇区中 X 的最大极限值 X_{max} 的平均值 μ_m 的下限为

$$\hat{\mu}_{m,lower} = \max\left\{\mu_i + \sigma_i\left(\beta - \frac{\ln m - \gamma_E}{\alpha}\right)\right\} \tag{4-37}$$

时间历程 T 内所有扇区中 X 的最大极限值 X_{max} 的平均值 μ_m 的上限为

$$\hat{\mu}_{m,upper} = \max\left\{\mu_i + \sigma_i\left(\beta - \frac{\gamma_E}{\alpha}\right)\right\} \tag{4-38}$$

关于"分仓"的详细内容参见 Madsen 等人（1999 年）的相关研究。

4.2.3　荷载叠加

当几个荷载进程同时作用时，设计时就必须考虑结构的组合荷载效应。例如，海上风力

发电机组的基础结构会受到风荷载和波浪荷载的组合作用，由此造成的结构响应支配着设计。另外可能的组合荷载是风荷载和覆冰荷载的组合，以及潮汐荷载与前面提到的任何一种荷载的组合。

下面考虑风荷载与波浪荷载的组合。短期风气候通常用 10min 平均风速 v_{10} 表示，短期波浪气候通常用有效波浪高度 H_s 表示。其中 v_{10} 和 H_s 分别理解为对应的风速强度和海面变化过程的强度。特定位置的风和波浪常常有共同的原因，如低气压。风推动波浪并且通常产生在局部地区，与此同时，波浪造成的海平面粗糙度的变换又反过来影响风。海浪越高意味着风越大，反之亦然。

在设计中考虑风和浪同时发生时的强烈关联性是十分重要的。在进行随机分析时，这种相关性可以这样建立：将其中一个环境变量通过边际累积分布函数定义为独立变量，然后利用分布条件将其他变量用独立变量表示。以风和浪为例，可以通过浪高的长期边界分布来表示有效波浪高度 H_s，H_s 是一个典型的威布尔分布，接着利用 H_s 来建立 10min 的平均风速 v_{10}。在 H_s 条件下的 v_{10} 分布可以用一个典型的对数正态分布来表示，即

$$F_{v_{10}|H_s}(v) = \Phi\left(\frac{\ln v - b_1}{b_2}\right) \tag{4-39}$$

式中　Φ——标准正态分布函数；

b_1、b_2——有效波浪高度 H_s 的函数，即 $b_1 = b_1(H_s)$，$b_2 = b_2(H_s)$。

在某些情况下，其他一些分布形式可能会比对数正态分布更好地表示 H_s 条件下的 v_{10}，如威布尔分布。

一旦风气候和波浪气候以特定并行的 v_{10} 和 H_s 值给定，以 v_{10} 为条件的风速过程和以 H_s 为条件的波浪过程便可以看成是相互独立的。因此，不能理所当然地认为最大风速和最大波浪高度同时发生。

设计时，合理的做法是考虑那些相对较为罕见的波浪气候和风气候的组合作为特征气候，然后找出这一时间内在该气候条件下发生的最大荷载响应。事实上，可以考虑以 50 年重现周期的有效波浪高度作为波浪气候与在这个波浪气候下的风气候进行组合，如 50 年有效波浪高度下 v_{10} 的期望值或者较高分位数的 v_{10} 值。以上述罕见的特征波浪气候和风气候为基础，下面将说明如何对荷载响应进行组合，如可以确定在这样的气候条件下，基础结构某些截面上的水平力。

对于线性荷载组合，Turkstra 准则起着核心的作用。该准则指出两个独立随机过程联合作用的最大值发生在其中一个过程达到最大值时。对两个荷载过程的组合中应用 Turkstra 准则，如波浪荷载与风荷载，意味着当波浪荷载与风荷载之一达到最大时组合荷载便达到最大值。用 Q_1 和 Q_2 表示两个荷载过程，则最大组合荷载 $Q_{\max}$ 在时间跨度 T 内的数字表示式为

$$Q_{\max} = \max \begin{cases} \max_{0 \le t \le T} Q_1(t) + Q_2(t) \\ Q_1(t) + \max_{0 \le t \le T} Q_2(t) \end{cases} \tag{4-40}$$

Turkstra 准则显示了在确定性设计中两个荷载的组合的既定格式，即

$$q_{\text{design}} = \max \begin{cases} \gamma_1 q_{1k} + \gamma_2 \psi_2 q_{2k} \\ \gamma_1 \psi_1 q_{1k} + \gamma_2 q_{2k} \end{cases} \tag{4-41}$$

式中　q_{1k}、q_{2k}——Q_1 和 Q_2 的特征值；

　　　γ_1、γ_2——相关的荷载分项系数；

　　　ψ_1、ψ_2——荷载组合系数。

对于风力发电机组结构，通常所用的最大荷载响应并不总是通过荷载的线性组合来给出的。气体弹性风荷载计算可能是非线性的，因此风荷载响应与波浪荷载响应的组合并不一定来源于单独计算的波浪荷载响应与单独计算的风荷载响应的线性组合。对于这样的非线性情况，组合响应将通过同时处于特征波浪荷载过程和风荷载过程下结构的恰当分析来计算，在计算过程中不考虑任何部分荷载因子。分析得到的最大荷载响应可以认为是特征荷载响应，它反应了波浪荷载和风荷载的组合作用。在这个特征荷载响应基础上采用一个共同的荷载分项系数来给出设计值 q_{design}，也就是说不再将风荷载和波浪荷载下的荷载分项系数区分开来。

■ 4.3　荷载计算

风力发电机组的荷载计算时有大量的计算和数据处理工作量，人工是无法完成的，必须使用专业的风力发电机组设计软件和荷载计算软件，尤其是风力发电机组的时域仿真及后处理过程，专业的软件可以节省很多人力，也可以避免人为失误影响荷载计算结果的可靠性。另外，当某些风力发电机组参数或工况参数发生改变时，可以很方便地重新计算。这里以沈阳工业大学开发的"大型风力发电机组设计软件-eWind"为例介绍风力发电机组荷载的计算过程。

"大型风力发电机组设计软件-eWind"是在 863 课题的基础上开发的针对大型风力发电机组设计的辅助软件。该软件根据风资源情况和不同类型实时设计风力发电机组整机参数和各个零部件的参数，校验参数是否满足设计模板中的约束条件，并结合整机设计技术参数模型提供相应的分析计算，对大型风力发电机组系统控制逻辑的模拟仿真，实现了风流场计算、机组结构设计、电控系统设计的过程协同，圆满解决了机组的结构布局优化、优质高效风电能转换和运行的安全可靠性等问题。风流场计算是根据 IEC 61400.1—2005 中规定的风力发电机组设计荷载工况的条件，对风力发电机组进行三维建模分析计算，模拟机组运行时的各种荷载工况需要的环境数据，根据得到计算数据对机组的设计进行校核优化。风轮荷载计算是基于动量叶素理论编制的风轮功率特性及叶片荷载计算软件，根据叶片气动参数、整机参数和控制算法可以模拟出风轮功率特性和荷载分析。对于机组主要机械零部件，可通过初步校核的参数自动生成三维模型，通过零部件有限元分析子程序进行机组主要机械零部件应力和强度等计算分析。该系统主要实现项目管理、风电机组设计、零部件导入、参数设置、风流场计算、风轮荷载计算、电控系统设计仿真、主要机械零部件优化分析等功能。

4.3.1　eWind 软件模块

（1）eWind. Design　根据风资源情况和不同类型实时设计风力发电机组整机参数和各个零部件的参数，校验参数是否满足设计模板中的约束条件，并结合整机设计技术参数模型，提供相应的分析计算。

（2）eWind. AeroLoads　基于叶素动量理论及其修正，可以计算风轮的气动特性和叶片各截面荷载，进一步计算叶根、轮毂中心、塔筒荷载，并且可以使用外部控制程序进行气动特性和荷载的动态模拟计算。

（3）eWind. LoadCase　辅助设置工况并生成批处理计算文件，根据工况设计表可以进行独立工况的设置，也可以进行多个工况的设置。对于相同的工况设计表，可以使用模板进行工况设置。

（4）eWind. LoadPost　荷载后处理可以对 eWind. AeroLoads 软件的计算结果文件进行操作，并进行后处理计算。可以输出多个变量随时间变化的图像、极限荷载图表、等效荷载图表，便于核查结果的正确性。

4.3.2　建立机组模型

1. 数据采集

在荷载计算项目启动时，首先将荷载计算需要的参数输入 eWind 中，建立项目文件并进行校验。图 4-14 所示为输入界面。

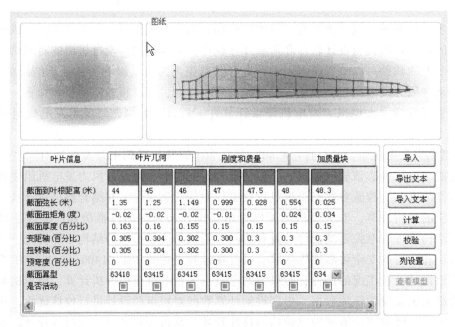

图 4-14　数据采集输入界面

2. 模型建立

eWind 根据荷载计算参数采集表把数据填入相应的模块中，也可以根据已有的项目文件导入，并有针对性地修改，使得数据与荷载计算参数采集表一致。未通过验证的数据，要重新确认并通过。图 4-15 所示为模型建立和验证数据界面。

3. 模型校核

机组建模后生成的项目文件，提交相应人员校对审查，以确保机组模型准确无误。校核步骤如下：

1）对照机组模型参数及机组参数采集表。

2）进行试算，查看机组的性能，如叶片的性能曲线，校核机组的最优桨距角；校核机组的功率曲线，查看机组的功率曲线是否平滑，功率大小是否为额定功率，桨距角变化是否

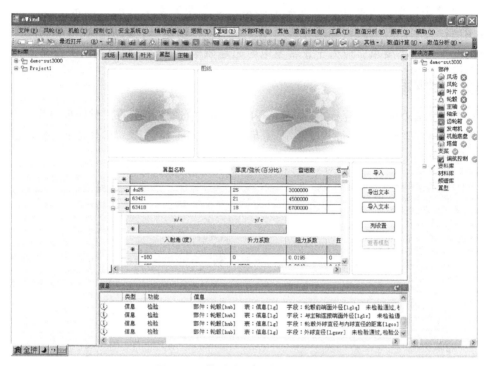

图4-15 模型建立和验证数据界面

平滑，最大风能利用系数的持续风速区间，包含风能分布最大的风速；机组的切入风速是否有功率产生；校核风电机组的模态频率。

4. 仿真调试

动态仿真机组参数的确定，主要包括：

（1）额定功率以下运行时的桨距角 利用eWind. AeroLoads软件中的稳态计算项，设置不同的桨距角，对叶片的性能计算。比较各条曲线，选择的桨距角对应的功率曲线应该综合考虑如下条件：最优尖速比在设计尖速比附近；最大风能利用系数在设计风能利用系数附近；在最优尖速比与切出风速对应的尖速比之间的尖速比范围内，当桨距角变大时，风能利用系数应变小。

（2）机械制动力矩 机械制动力矩的确定方法：选择应用机械制动的工况（检验制动器的工况），机械制动应能保证在应用机械制动的情况下，风轮的旋转满足如下条件：在应用机械制动的情况下，发电机转子的旋转速度小于1°/s的概率大于90%，以确保人可以在大多数情况下可进行插销动作。

（3）应用机械制动时的转速 应能保证在维修时，大部分时间内都可以进行机械制动，假设应用机械制动时机组处于空转状态，应能保证有故障的空转状态下不能使用的机械制动的转速超越概率为一年一遇。

（4）额定转速 如果叶片厂家没有提供叶片的额定转速，利用eWind. AeroLoads软件计算出机组的稳态功率曲线，然后根据稳态功率曲线结合发电机的转速确定。叶尖最大线速度不大于设计要求。

（5）额定风速 计算出机组的稳态功率曲线，然后根据稳态功率曲线确定额定风速。

（6）变桨距速率 变桨距最大速率的确定：变桨距速率引起的机舱水平方向加速度在限值范围内；变桨距最大速率应能使机组运行在最大转速以下；变桨距速率应满足正常发电时所需的变桨距速率要求，应大于正常发电时超越概率为一年一遇的变桨距速率。

4.3.3 工况设定

根据当前采用的荷载计算标准在 eWind. LoadCase 中选择相应的工况模板（图 4-16），对荷载计算涉及的工况项目进行规定，以满足设计及认证的需要。具体工况设计依据相应"荷载工况设计表"。

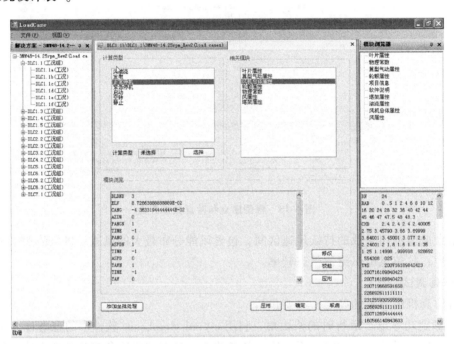

图 4-16 工况设定模板

4.3.4 仿真计算

将 eWind. LoadCase 生成的项目批处理文件导入到 eWind. banch 中进行批量仿真计算，根据实际任务量和计算机的资源选择多进程和多台计算机进行计算。

4.3.5 后处理

荷载计算的后处理，eWind. Loadpost 涵盖了目前机组设计及认证对荷载报告的要求内容，对极限工况极限荷载的提取，寿命周期疲劳荷载的统计，以及对机组性能的评估结论。

塔架各个截面的极限荷载，塔架焊缝处的等效疲劳荷载，塔架门处、塔顶塔底塔架法兰处的时序荷载谱及疲劳荷载的极值。

1）极限荷载。形式为极限荷载及其同期值表，荷载对比柱状图的生成如图 4-17 所示。

2）疲劳荷载。内容为等效疲劳荷载、工况频率表、雨流计数图及表格（或马尔科夫矩阵）、LDD、工况时序荷载文件。

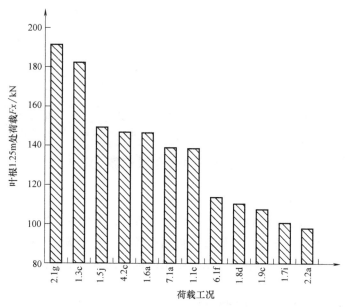

图 4-17　在叶根 1.25m 处荷载 *Fx*

3）基本统计。可以求出变量的最大值、最小值、平均值、方差。

4）概率统计。可以求出变量的概率分布。

5）性能计算。动态功率曲线、年发电量。

6）动力学分析。整机坎贝尔图分析（塔架模态分析）。

7）其他。如控制转矩表、推力系数等图表，净空计算。

第5章 锥筒式风力发电机组塔架设计

目前，风力发电机组塔架的设计尚没有统一的方法。通常的经验设计法是类比→经验设计→制造样机→性能测试→样机尺寸修改→再制造样机→直至满意。这种方法对设计者经验要求高，且费用高、效率低。本节主要论述常用的锥筒式风力发电机组塔架的设计方法。

■ 5.1 塔架的设计内容与要求

塔架作为支撑结构，应在规定的设计使用年限内，在正常的外部条件、设计工况和荷载情况下稳定地支撑风轮和机舱，以保证风力发电机组安全正常运行。

1. 设计内容

在设计中，需要对塔架的承载能力极限状态和正常使用极限状态进行分析。包括：

1）极限强度。塔架的强度分析可采用应力法，可采用传统的应力计算方法，也可采用有限元等数值计算方法。应考虑应力集中，如门、法兰连接和管壁厚度变化处等。

2）疲劳强度。塔架疲劳分析可采用简化疲劳验证法和循环荷载谱的损伤累计法。

3）稳定性。塔架的稳定性分析和力学分析可采用相关标准规定的方法进行。

4）变形限制。塔架变形限制分析可采用传统理论方法，也可采用有限元等数值计算方法。

5）塔架的动力学设计。

2. 设计原则

在设计和生产中应坚持以下原则：

1）塔架应具有足够的强度承受作用在风轮和塔架上的静荷载和动荷载。应保证塔架能承受运输、安装和维护引起的外加荷载。

2）应通过计算分析或试验确定塔架的固有特性和阻尼特性，并对塔架进行风轮旋转引起的振动、风引起的顺风向振动和横风向振动进行计算分析，使其在规定的设计工况下满足稳定性和变形限制的要求。

3）应根据安全等级确定荷载分项系数和材料分项系数。

4）塔架分段应考虑以下因素：运输能力；生产条件和批量；上法兰与短节塔筒焊接后进行二次机加工后，再与塔筒组焊，使法兰平面度提高。

5）通过塔架设计、材料选择和防护措施减少外部条件对塔架安全性和完整性的影响。

3. 设计流程

1）进行荷载计算。通过计算叶片和机舱传到顶塔筒法兰荷载，将法兰荷载插值到筒壁上。

2）进行塔筒设计。初步确定塔筒尺寸，根据强度条件确定各段壁厚，进行静强度和刚度校核，屈曲计算（GL规范DIN 18800T4），验算塔筒焊缝疲劳强度；同时，验算塔筒门附近静强度和疲劳强度。

3）进行法兰设计。验算法兰螺栓结构的静强度和疲劳强度，塔筒顶部与主机偏航轴承连接部位的静强度和疲劳强度。

4）进行模态计算。考虑叶片—机舱—塔筒—基础的耦合，计算整机模态，并进行共振特性分析。

5）需要进行抗震设计的地区，进行抗震性能分析。

6）优化设计。一般以塔架顶部直径和壁厚、塔架底部直径和壁厚、中间部位的壁厚为参数，以结构的应力、变形、疲劳、固有频率和经济性为目标，建立有限元模型进行分析，根据结果优化。

4. 设计给出的数据

1）筒体尺寸。塔架顶部直径和壁厚，塔架底部直径和壁厚，中间筒节的壁厚，纵向和环向焊缝。

2）法兰及连接螺栓。法兰的尺寸，螺栓孔分布，螺栓规格；应使螺栓受力均匀，而且较小，避免螺栓受附加荷载；同一圆周上的螺栓数目取偶数以便于加工时分度，最好有两个相互垂直的轴便于计算；螺栓应远离对称轴以减少螺栓受力；高强度螺栓连接宜按构件的内力设计值进行。

3）门的尺寸要求。在满足安装作业、维修人员及维护物件搬运要求后，门的尺寸宜小。门孔处必须足够补强，补强材质应与塔筒材质相同。

4）底座设计尺寸。

■ 5.2　塔筒设计

5.2.1　塔筒尺寸的初步设计

1. 塔架的高度

增加塔架高度可从高空捕获更多风能，降低湍流造成的影响，提高年发电量，从而为客户创造更多价值。风机的高度每增加一倍，风速增加10%，风能增加33%。相应的，塔架高度增加一倍，为避免塔架的局部屈曲，塔筒直径和壁厚也要倍增，塔架总重至少增加到四倍。

因此，塔架高度的选择首先需要考虑风力发电机组的规格、风场的风速、安装的具体地理位置和地貌，同时要结合塔架荷载、寿命和制造成本等因素，综合考虑后选定塔架高度。塔架高度一般为叶轮直径的1~1.5倍，如图5-1所示。

综合考虑风力发电机组运作的要求、风场因素、塔架性能及经济方面的因素，塔架的最小高度为

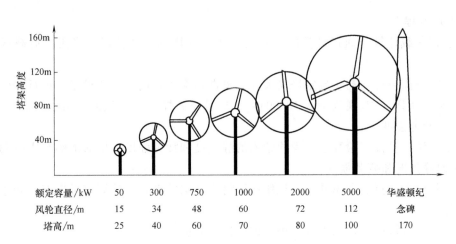

图 5-1 塔架高度与风电机组功率

对 1MW 以下塔架 $\qquad H=h+C+R$

对 1MW 以上塔架 $\qquad H=(1\sim1.3)D$ $\qquad\qquad$ (5-1)

式中 h——接近风电机组的障碍物的高度；

$\qquad C$——障碍物最高点到风轮扫掠面最低点的距离 [一般最小取值 $1.5\sim2.0m$；对于 MW 级机组，叶尖离地距离 $(h+C)$ 不得低于 25m]；

R、D——风轮的半径、直径。

2. 塔架的直径

在已有的塔架设计中，根据 1MW、1.5MW、2MW 和 3MW 塔架的直径与高度的关系分析，高度 H 与底部直径 D 之比为 $14.8\sim19.03$，见表 5-1。

表 5-1 高度与直径关系

风力发电机组功率 /MW	塔架高度/m	底部直径/m	高度与底部 直径比值	顶部直径/m	高度与顶部 直径比值
1	57.19	3.875	14.8	2.35	24.30
1.5	63.10	4.26	14.8	2.56	24.60
2	104.64	5.50	19.03	3.00	34.88
3	82.60	4.50	18.4	3.03	27.30

高耸结构（如烟囱）设计时采用的底部直径 D 与高度 H 之比的关系为 $D\geqslant H/20$。通过规范和实际工程实例分析，建议塔架的高度 H 与底部直径 D 之比为 $14\sim20$，当不满足此条件时，塔架底部直径宜扩大。

塔架上部直径主要根据机舱给定的底部直径来确定。根据以往的经验，高度 H 与顶部直径 D 之比为 $24\sim34$。

5.2.2 塔架的荷载

（1）塔架的荷载 要求在塔架的初步尺寸确定后通过计算确定。风力发电机组塔架设计荷载包括惯性力和重力、气动荷载、运行荷载和其他荷载（如波动荷载、尾流荷载、冲击荷载、冰荷载等），其设计荷载计算按本书第 4 章确定，荷载分项系数见表 5-2。

表 5-2 荷载局部安全系数 γ_f

荷载来源	不利荷载			有利荷载
	设计工况类型			所有设计工况
	正常和极端	非正常	运输和吊装	
气动	1.35	1.1	1.5	0.9
运行	1.35	1.1	1.5	0.9
重力	1.1/1.35[①]	1.1	1.25	0.9
其他惯性力	1.25	1.1	1.3	0.9

① 正常状态取 1.1，极端状态取 1.35。

（2）荷载组合　塔架的承载能力极限状态的荷载组合采用基本组合，即永久荷载和可变荷载的组合，并应按下列设计表达式设计

$$S(\gamma_{f1}F_{k1}, \cdots, \gamma_{fn}F_{kn}) \leqslant R = \frac{1}{\gamma_m \gamma_n} f_k \qquad (5-2)$$

式中　γ_n——结构重要性系数，建议塔架取 1.0；

　　　S——荷载效应组合的设计值；

　　　R——结构构件抗力设计值。

5.2.3 塔架静强度计算

塔架静强度计算时，应首先确定危险截面及其截面内力。塔架的危险截面一般在塔架的根部。在确定危险截面内力时，一般按照刚体假设进行计算。塔架截面内力的计算还应考虑动荷载的影响。

塔架静强度设计时可采用悬臂梁的力学模型。假设受力在材料的弹性范围内，不考虑塔架的塑性变形。塔架设计首先要满足塔架在静力情况下的强度验算，包括正应力、剪应力和扭转应力。

1. 正应力的计算

对于圆锥形塔架，从受到的荷载可以分析得到其应力分布规律是从塔顶到塔底应力逐渐增大，所以内力最大截面在塔架的根部。塔架根部的应力公式为

$$\sigma = \frac{\left[F_{as}(h_2 + H) + \dfrac{F_{ts}H}{2} \right]}{W} + \frac{G_1 + G_2}{\Psi A} \qquad (5-3)$$

式中　W——塔架根部抗弯截面模量；

　　　F_{as}——风轮所受气动推力；

　　　F_{ts}——塔架所受风压；

h_2——叶轮中心到塔架上部的距离；

H——塔架的高度；

A——塔架根部截面积；

G_1——塔架上方所受总重力；

G_2——塔架自身所受重力；

Ψ——锥形塔架的长度折减系数。

2. 扭应力的计算

工程中发现扭矩对于塔架顶部的强度和风力发电机组的运转影响很大，当塔架顶部的抗扭强度不足时，将会产生塔架的扭转角度过大而影响风力发电机组效率，严重的还会发生扭转破坏。所以，塔架设计时应进行塔架顶部的抗扭强度和扭转角度的验算，保证塔架的安全。可以将塔架视为壁薄锥筒形式，采用薄壁圆筒扭转的理论方法计算。对于薄壁圆筒，横截面上各点处的剪应力可认为与圆周中心处相同，即不沿径向变化，即认为薄壁圆筒受扭时横截面上的剪应力 τ_1 处处相等，方向垂直于相应的半径。若塔筒的厚度用 t 表示，平均半径为 $r+t/2$，则有

$$\int_A \tau_1 \cdot \mathrm{d}A \cdot (r + t/2) = M_z$$

即

$$\tau_1 \cdot (r + t/2)\int_A \mathrm{d}A = \tau_1 \cdot (r + t/2) \cdot 2\pi(r + t/2) \cdot t = M_z$$

得

$$\tau_1 = \frac{M_z}{2\pi t(r+t/2)^2} \tag{5-4}$$

式中　τ_1——扭剪应力；

r——圆筒的内半径；

M_z——扭矩；

A——圆筒截面面积；

t——塔筒壁厚。

3. 剪应力的计算

塔架所受的剪力为 $V = F_{as} + F_{ts}$，塔顶处 $F_{ts} = 0$，则

$$\tau_2 = \frac{V}{2\pi t(r+t/2)} \tag{5-5}$$

式中　τ_2——剪应力；

V——剪力。

4. 静强度设计

塔架的强度验算应分为两部分，第一部分为满足抗弯、抗拉压和抗剪扭强度的验算；第二部分为满足折算应力，通过强度设计可以提出塔架底部及顶部的钢管厚度。

塔架的最大折算应力为

$$\sigma_{max} = \frac{\sigma}{2} + \sqrt{\frac{\sigma^2}{2} + \tau^2} \leqslant [\sigma] = \frac{f_y}{\gamma_m} \tag{5-6}$$

塔架的最大剪应力为

$$\tau_{max} = \sqrt{\frac{\sigma^2}{2} + \tau^2} \leqslant [\tau] = \frac{f_v}{\gamma_m} \tag{5-7}$$

式中 τ——剪应力，$\tau = \tau_{1+}\tau_2$；

$\quad\sigma$——正应力；

$\quad[\tau]$——许用剪应力，根据材料确定；

$\quad[\sigma]$——许用应力，根据材料确定；

$\quad f_y$——屈服强度，根据材料确定；

$\quad f_v$——剪切强度，根据材料确定；

$\quad\gamma_m$——材料局部安全系数。

将前面初步确定的塔架底部直径、塔架高度、顶部直径、荷载代入上述式中，便可求得塔架筒壁的厚度。

5.2.4 塔架的位移、截面倾角及扭转验算

塔架不仅要进行强度的计算，还要进行变形验算。如果变形使结构的整体稳定受到影响，或出现最不利的情况，则计算时应考虑所有因素引起的变形，包括塔架的弹性变形和由基础的不均匀沉降引起的倾斜等。塔架在风荷载作用下会产生变形，这不仅影响了塔架的工作性能，而且由于变形使得风轮与迎风面形成一定的角度，当角度不断增大，风轮与风的有效接触面积就不断减小，进而影响风电机组的效率。所以，塔架顶部的变形需要控制水平位移、扭转角度和倾角。

1. 塔顶的水平位移

塔架受到的风荷载可简化成图 5-2 所示。假设塔架变形在材料的弹性范围内，不考虑塔架的塑性变形。通过材料力学可知塔架在风荷载作用下任意一点的变形。

塔架的弯矩为

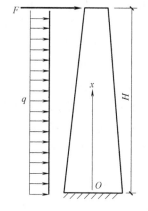

$$M(x) = F(H-x) + q(H-x) \cdot \frac{1}{2}(H-x) \tag{5-8}$$

图 5-2 塔架的受力简图

塔架的近似挠度方程为

$$EI\frac{d^2w}{dx^2} = M(x) = F(H-x) + q(H-x) \cdot \frac{1}{2}(H-x) \tag{5-9}$$

以 x 为变量进行求解积分得

$$EIw = F\left(\frac{Hx^2}{2} - \frac{x^3}{6}\right) + \frac{qx^2}{24}(6H^2 - 4Hx + x^2) + C_1 x + C_2 \tag{5-10}$$

塔架根部的边界条件为在 $x=0$ 处 $\frac{dw}{dx} = 0$，$w=0$，得到 $C_1=0$，$C_2=0$。代入式（5-10）得到塔架的挠度为

$$w=\frac{Fx^2}{6EI}(3H-x)+\frac{qx^2}{24EI}(6H^2-4Hx+x^2) \tag{5-11}$$

塔架的最大位移出现在塔架的顶部，将塔架的参数代入式（5-11）中整理得到塔架的最大变形为

$$w_{\max}=\frac{FH^3}{3EI}+\frac{qH^4}{8EI} \tag{5-12}$$

式中　F——风轮及机舱受到的风荷载；

　　　H——塔架的高度；

　　　q——风压；

　　　E——塔架材料的弹性模量；

　　　I——塔架的等效刚度。

等效刚度一般采用近似公式

$$I=\frac{1}{H}(I_1H_1+I_2H_2+I_3H_3+I_4H_4+\cdots) \tag{5-13}$$

式中　　　　　　　H——塔筒总长；

　I_1、I_2、I_3、$\cdots$、I_n——各区段中点的截面刚度；

H_1、H_2、H_3、$\cdots$、H_n——划分的区段长度。

目前，国内的标准和规范尚没有规定塔架的许用刚度条件。《高耸结构设计规范》（GB 50135—2019 规定，在风或多遇地震作用为主的荷载标准组合作用下，钢结构最大顶点水平位移，按线性分析不大于总高的 1/75（1.3%H），按非线性分析不大于总高的 1/50；混凝土结构最大顶点水平位移，按线性分析不大于总高的 1/150，按非线性分析不大于总高的 1/100；在以罕遇地震作用为主的荷载标准组合作用下，钢结构和混凝土结构最大顶点水平位移不大于总高的 1/50。根据设计和运行经验，确保风力发电机组正常运行的塔架许用挠度 [w] 一般可控制在（0.5%~0.8%）H 范围内。

2. 倾角

塔架受到风荷载后不但会产生水平位移，还会因为位移造成塔架的横截面与水平方向产生夹角，进而使得风轮与风荷载在水平方向上产生夹角，导致风轮与风的有效接触面积减小，最终影响风力发电机组的效率，所以塔架设计时应考虑塔架位移产生的塔架截面与水平方向形成夹角造成风轮的有效面积减小，即在设计塔架时，控制塔架的横截面与水平方向的夹角。在图 5-3 中可以看到，塔架截面的水平倾角不断增大，风轮的有效接触面积不断减小，当夹角达到 8°时，风轮的有效面积减少到 0.99，说明塔架的倾角对风力发电机组的有效功率有一定影响，所以在塔架设计时应控制塔架截面与水平倾角。

塔架受到的主要荷载是风荷载，在图 5-2 中可以看到塔架主要受到的荷载是塔架本身的均布荷载及塔架顶端受到的风轮和机舱产生的集中荷载，在这两种荷载作用下，由材料力学可知，截面夹角方程是塔架的位移曲线方程的导数关系，对塔架位移曲线求导得到下列方程

$$\theta=\frac{dw}{dx}=\frac{Fx}{2EI}(2H-x)+\frac{qx}{6EI}(x^2-3Hx+3H^2) \tag{5-14}$$

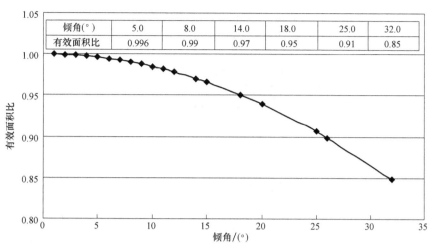

图 5-3　塔架倾角与风电机组有效面积的关系

将塔架的参数代入上式整理得到塔架的最大角度为

$$\theta_{\max} = \frac{FH^2}{2EI} + \frac{qH^3}{6EI} \tag{5-15}$$

塔架的许用挠度 $[w]$ 控制在 $(0.5\% \sim 0.8\%)H$，进行倾角换算后叶片的倾角范围为 $(0.24\% \sim 0.38\%)H$（以弧度计）。

3. 塔顶的扭转角度

风力发电机组运行时要控制塔架顶部的扭转角度，因此也要进行计算以保证塔架的安全。扭转角度与扭转应变的关系如下

$$\gamma H = \varphi(r + t/2) \tag{5-16}$$

即

$$\varphi = \frac{\gamma H}{r + t/2} \tag{5-17}$$

式中　γ——扭转应变；

φ——扭转角（rad）；

H——塔筒长度（m）；

r——塔筒内半径（m）；

t——塔筒壁厚（m）。

参考式（5-4），塔架的扭转角度 φ 计算公式如下

$$\varphi = \frac{M_z H}{G\pi(r + t/2)^3 t} \tag{5-18}$$

式中　G——剪切模量。

5.2.5　焊缝极限强度和疲劳强度验算

1. 筒体焊缝验算

塔架的每个法兰段由多个筒节段焊接组成，需要对焊缝的极限强度和疲劳强度进行计

算。塔架所受集中荷载位置与焊缝位置的距离较远，内力可以采用静力等效方法进行计算，主要内力一般有弯矩 M_{xy}、轴力 F_z、剪力 F_{xy} 和扭矩 M_z，其受力简图见表5-4。

表 5-4　筒体单元的荷载及应力

作用力	a) 轴心受压	b) 弯矩
计算模型		
应力计算	$\sigma_z = \dfrac{F_z}{2\pi rt\cos Q}$ $\sigma_\varphi = 0$	$\max\sigma_z = \dfrac{M_{xy}}{\pi r^2 t\cos Q}$ $\sigma_\varphi = 0$
作用力	c) 受扭	d) 受剪
计算模型		
应力计算	$\tau = \dfrac{M_z}{2\pi r^2 t}$	$\max\tau = \dfrac{F_{xy}}{\pi rt}$

（1）极限强度计算　环形焊缝的截面应力可以应用钢结构中的截面应力计算方法。需要分别验算正应力、剪应力和折算应力，如式（5-19）~式（5-21）。需要注意的是，当焊缝连接两种不同壁厚的焊接段时，要充分考虑不同截面的应力，需要全部满足强度要求。

$$\sigma_{wf} = \sigma_z + \max\sigma_z = \frac{F_z}{2\pi rt\cos Q} + \frac{M_{xy}}{\pi r^2 t\cos Q} = \frac{F_z r + 2M_{xy}}{2\pi r^2 t\cos Q} \leqslant f_c^w \tag{5-19}$$

$$\tau_{wf} = \tau + \max\tau = \frac{M_z}{2\pi r^2 t} + \frac{F_{xy}}{\pi rt} = \frac{M_z + 2rF_{xy}}{2\pi r^2 t} \leqslant f_v^w \tag{5-20}$$

$$\sqrt{\sigma_{wf}^2 + 3\tau_{wf}^2} \leqslant 1.1 f_c^w \tag{5-21}$$

式中　F_z——轴力；

M_{xy}——弯矩；

F_{xy}——剪力；

τ——受扭应力；

$\max\tau$——受剪应力；

Q——塔架锥角；

τ_{wf}——焊缝剪应力，根据材料确定；

σ_z——轴力产生的正应力；

$\max\sigma_z$——弯矩产生的正应力；

σ_{wf}——焊缝正应力，根据材料确定；

f_c^w——焊缝受压强度，根据材料确定；

f_v^w——焊缝剪切强度，根据材料确定；

（2）疲劳强度验算　金属材料的疲劳强度或疲劳寿命的评估采用外加应力 S 和疲劳寿命 N 的关系曲线（$S—N$ 曲线，或称 Wohler 曲线）。$S—N$ 曲线可分为三部分，即低疲劳区、高疲劳区和亚疲劳区。一般高疲劳区和亚疲劳区的 $S—N$ 曲线按经验方程确定，根据不同的材料、工艺等因素，人们进行了多种多样的疲劳试验，获得了大量的实验数据，并绘制出了一条 $S—N$ 曲线。当然，每条 $S—N$ 曲线都有其特定的斜率（m）、疲劳等级（DC）和存活概率（Pu）。

图 5-4 是焊缝和法兰螺栓的疲劳强度验算时常用的 $S—N$ 曲线。为了计算的便捷，在满足 GL 规范要求的前提下，对 $S—N$ 曲线进行一定的简化。简化时，要保证简化后的 $S—N$ 曲线比 GL 规范要求更保守，也要达到简化计算的目的。

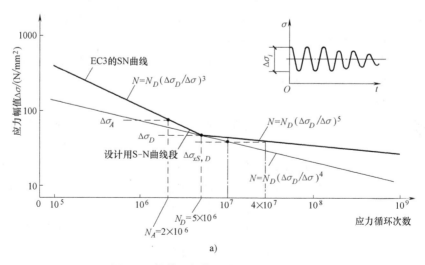

图 5-4　焊缝和螺栓正应力的 $S—N$ 曲线

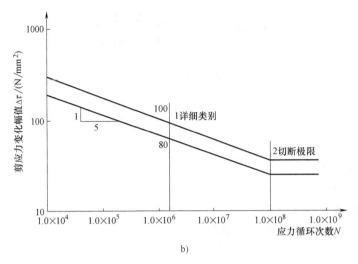

b)

图 5-4　焊缝和螺栓剪应力 S—N 曲线（续）

风力发电机组的设计寿命为 20 年，外荷载对塔架冲击次数约为 4.0×10^7 次。因此，焊缝和法兰螺栓的疲劳强度验算可选重复次数为 4.0×10^7。这与按修正曲线重复次数为 10^7 的应力范围基本相同。

根据《EC3：钢结构设计—第 1-9 部分：疲劳》（EN 1993-1-9：2005）的要求，计算焊缝的疲劳时要综合考虑焊缝的正应力和剪应力，判断焊缝的疲劳损伤

对焊缝正应力
$$\frac{\gamma_M \Delta \sigma_{wf}}{\Delta \sigma_{xS,D}} \leq 1$$

对焊缝剪应力
$$\frac{\gamma_M \Delta \tau_{wf}}{\Delta \tau_{xyS,D}} \leq 1$$

对焊缝综合应力
$$\left(\frac{\gamma_M \Delta \sigma_{wf}}{\Delta \sigma_{xS,D}}\right)^3 + \left(\frac{\gamma_M \Delta \tau_{wf}}{\Delta \tau_{xyS,D}}\right)^5 \leq 1 \qquad (5-22)$$

式中　γ_M——焊缝的材料安全系数，取 1.1；

　$\Delta \sigma_{xS,D}$——焊缝的许用疲劳正应力，由焊缝的疲劳等级确定，根据 EN 1993-1-9：2005 附录 B 确定焊接等级分别为 90 级；

　$\Delta \tau_{xyS,D}$——焊缝的许用疲劳剪应力，由焊缝的疲劳等级确定，根据 EN 1993-1-9：2005 附录 B 确定焊接等级分别为 71 级。

2. 门框焊缝验算

门框焊缝的形状不规则，存在门洞的缺口效应，其应力状态比较复杂，常用有限元方法进行精确分析。进行门框焊缝的极限强度分析时，如果没有考虑材料的非线性，由于应力集中，在焊缝位置不可避免会出现很大的 Von Mises 应力。当最大 Von Mises 应力大于许用应力 $[\sigma]$ 时，意味着部分钢进入塑性状态。这时需要满足以下两个条件：①超过 $[\sigma]$ 的区域不能大于壁厚的 1/5；②这种极端工况必须发生概率极低（如 50 年一遇）。

进行门框焊缝的疲劳强度分析时，可参考 EN 1993-1-9：2005。门框焊缝的疲劳等级为 100，工程计算的名义应力不可以继续使用，需要进行焊趾应力计算。焊趾应力外推的计算方法可以参考国际焊接协会 IIW 的规定及 EN 1993-1-9：2005 中的论述。

■5.3 塔筒屈曲稳定性分析

塔架一般由 2~3 个法兰段连接而成，每个法兰段又由多个筒节段焊接而成。随着高度、承受荷载的变化，各个焊接段直径和壁厚也会有变化。一般来说，筒体壁厚随高度的增加而减小，但有两种情况例外：①在顶法兰段，为了保证顶法兰处需要的强度，有可能需要增加此焊接段的壁厚；②为了优化风力发电机组的动力学特性或稳定性，需要改变壁厚分布。塔架作为薄壁结构，需要进行屈曲稳定性分析。

屈曲稳定性分析时，取一个壁厚相同的法兰段作为分析单元，一个法兰相当于一个径向位移约束。计算作用荷载时，可以采用静力等效方法计算，包括弯矩 M_{xy}、轴力 F_z、剪力 F_{xy} 和扭矩 M_z 等荷载。其受力简图见表 5-2。

屈曲稳定性的计算方法与塔架焊缝极限强度计算方法一致，区别是破坏准则变为屈曲失稳破坏，许用应力变为许用屈曲应力。其计算过程为：由塔架的理想几何参数计算理想屈曲应力，然后考虑集合缺陷修正为实际屈曲应力，最后考虑局部安全系数得到极限屈曲应力。下面以正应力为例予以说明。

1. 理想屈曲应力

考虑塔架的锥角影响，正应力计算需要一定的改进。当塔架锥角 Q 很小时，可以忽略。当 $\dfrac{r}{t} > \dfrac{E}{25 f_{y,k}}$ 时，需要计算筒体屈曲稳定性，其理想屈曲正应力为

$$\sigma_{xSi} = 0.605 C_x E \frac{t}{r} \tag{5-23}$$

式中 $f_{y,k}$——钢材的屈服强度；

σ_{xSi}——理想屈曲正应力；

C_x——屈曲稳定系数，根据法兰段长度 l 按下述方法取值：

当 $\dfrac{l}{r} \leqslant 0.5 \sqrt{\dfrac{r}{t}}$ 时，为中短筒，$C_x = 1 + 1.5 \left(\dfrac{r}{l}\right)^2 \dfrac{t}{r}$；

当 $\dfrac{l}{r} > 0.5 \sqrt{\dfrac{r}{t}}$ 时，为长筒，$C_x = 1 - \dfrac{0.4 \dfrac{l}{r} \sqrt{\dfrac{t}{r}} - 0.2}{\eta}$，且 $C_x \geqslant 0.6$，$\eta = 1$；

当 $\dfrac{l_0}{r} > 10 \sqrt{\dfrac{r}{t}}$ 时，为超长筒，DIN 18800-4 不再适用，改用 DIN 18800-2 进行屈曲计算。l_0 为计算长度，两端铰支为 l，一端固定、一端铰支为 $0.7l$，两端固定为 $0.5l$，一端固定、一端自由为 $2.0l$。

2. 实际屈曲应力

考虑实际几何缺陷、结构缺陷、非弹性材料行为，计算实际屈曲应力时，可用下面的修正法。

（1）发生规定范围内的缺陷时的修正 实际缺陷一般考虑凹陷、圆度和偏心三种。

1）初始凹陷。如图 5-5 所示，规定范围：$t_v < l_{mk} \times 1\%$。

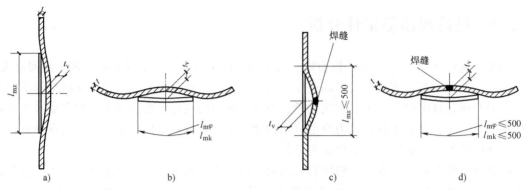

图 5-5　初始缺陷示意

2）圆度。如图 5-6 所示，规定范围：

$$U = 2\frac{D_{max}-D_{min}}{D_{max}+D_{min}} \times 100\% \leqslant U_{zul}$$

式中　U_{zul}——非圆度允许值，当 $D_{nom} \leqslant 500mm$ 时，$U_{zul} = 2\%$，当 $D_{nom} \geqslant 1250mm$ 时，$U_{zul} = 0.5\%$，当 $500 < D_{nom} < 1250$ 时，U_{zul} 按线性内插法取值。

3）偏心量。如图 5-7 所示，规定范围：偏心量 $e \leqslant 0.2t$，且不大于 3mm。

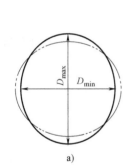

图 5-6　圆度缺陷示意

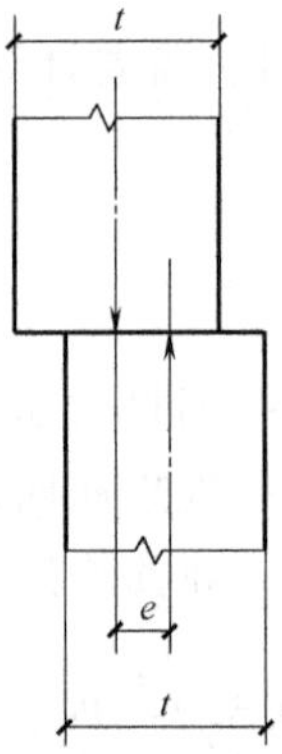

图 5-7　偏心缺陷示意

发生上述范围内的缺陷时，轴向、环向和剪应力分别做如下修正

轴向应力　　　　　　　　　　$\sigma_{xS,R,k} = x_2 f_{y,k}$　　　　　　　　　（5-24）

式中　$\sigma_{xS,R,k}$——考虑缺陷的实际屈曲正应力；

$\quad\sigma_{xSi}$——理想屈曲正应力；

$\quad x_2$——实际屈曲正应力修正系数，按 $\overline{\lambda_{Sx}}$（$\overline{\lambda_{Sx}} = \sqrt{f_{y,k}/\sigma_{xSi}}$）取值，当 $\overline{\lambda_{Sx}} \leqslant 0.25$ 时，$x_2 = 1$，当 $0.25 < \overline{\lambda_{Sx}} < 1.0$ 时，$x_2 = 1.233 - 0.933\overline{\lambda_{Sx}}$，当 $1.0 < \overline{\lambda_{Sx}} \leqslant 1.5$ 时，$x_2 = 0.3/\overline{\lambda_{Sx}^3}$，当 $1.5 < \overline{\lambda_{Sx}}$ 时，$x_2 = 0.2/\overline{\lambda_{Sx}^2}$。

环向应力　　　　　　　　　　$\sigma_{\varphi S,R,k} = x_1 f_{y,k}$　　　　　　　　　（5-25）

式中　$\sigma_{\varphi S,R,k}$——考虑缺陷的实际屈曲环向应力；

$\quad\sigma_{\varphi Si}$——理想屈曲环向应力；

x_1——实际屈曲环向应力修正系数，按 $\overline{\lambda_{S\varphi}}$（$\overline{\lambda_{S\varphi}} = \sqrt{f_{y,k}/\sigma_{\varphi Si}}$）取值，当 $\overline{\lambda_{S\varphi}} \leqslant$ 0.4 时，$x_1 = 1$，当 $0.4 < \overline{\lambda_{S\varphi}} < 1.2$ 时，$x_1 = 1.274 - 0.686\,\overline{\lambda_{S\varphi}}$，当 $1.2 < \overline{\lambda_{S\varphi}}$ 时，$x_1 = 0.65/\overline{\lambda_{S\varphi}^2}$。

剪应力

$$\tau_{S,R,k} = x_1 \frac{f_{y,k}}{\sqrt{3}} \tag{5-26}$$

式中 $\tau_{S,R,k}$——考虑缺陷的实际剪应力；

τ_{Si}——理想屈曲剪环向应力；

x_1——实际屈曲环向应力修正系数，按 $\overline{\lambda_{S\tau}}$（$\overline{\lambda_{S\tau}} = \sqrt{f_{y,k}/\sqrt{3}\tau_{Si}}$）取值，当 $\overline{\lambda_{S\tau}} \leqslant$ 0.4 时，$x_1 = 1$，当 $0.4 < \overline{\lambda_{S\tau}} < 1.2$ 时，$x_1 = 1.274 - 0.686\,\overline{\lambda_{S\tau}}$，当 $1.2 < \overline{\lambda_{S\tau}}$ 时，$x_1 = 0.65/\overline{\lambda_{S\tau}^2}$。

（2）发生超过（1）规定的缺陷 此时可采取措施校正缺陷，或采用修正的 x 值

当 $\overline{\lambda_S} < 1.5$ 时

$$x_{red} = x\left[1 - \frac{\overline{\lambda_S}}{3}\left(\frac{a_{vorh}}{a_{zul}} - 1\right)\right]$$

当 $\overline{\lambda_S} \geqslant 1.5$ 时

$$x_{red} = x\left(1.5 - 0.5\frac{a_{vorh}}{a_{zul}}\right)$$

式中 x_{red}——缩减系数；

a_{zul}——允许的缺陷初始深度、允许非圆度或允许的偏心率；

a_{vorh}——实际的缺陷初始深度、实际的非圆度或实际的偏心率，$a_{zul} \leqslant a_{vorth} \leqslant 2a_{zul}$。

3. 许用屈曲应力

考虑局部安全系数，计算许用屈曲应力。

许用轴向应力

$$\sigma_{xS,R,d} = \sigma_{xS,R,k}/\gamma_M \tag{5-27}$$

许用环向应力

$$\sigma_{\varphi S,R,d} = \sigma_{\varphi S,R,k}/\gamma_M \tag{5-28}$$

许用剪应力

$$\tau_{\varphi,R,d} = \tau_{S,R,k}/\gamma_M \tag{5-29}$$

对缺陷敏感性一般的圆度和偏心，实际屈曲应力由 x_2 获得时，材料分项系数 $\gamma_{M1} = 1.1$。

对缺陷敏感性高的凹陷，实际屈曲应力由 x_1 获得时，材料分项系数 γ_{M2} 取值如下

$$\begin{cases} \gamma_{M2} = 1.1 & (\overline{\lambda_S} \leqslant 0.25) \\ \gamma_{M2} = 1.1\left(1 + 0.318\dfrac{\overline{\lambda_S} - 0.25}{1.75}\right) & (0.25 < \overline{\lambda_S} < 2.0) \\ \gamma_{M2} = 1.45 & (\overline{\lambda_S} > 2.0) \end{cases} \tag{5-30}$$

需要注意的是，下段塔架门框开口处的许用屈服应力，因为门框开口形状不规则，存在应力集中效应，应力状态比较复杂，因此计算时应该考虑其影响进行修正。如图 5-8 中的开口参数符合条件：筒体的径厚比 $r/t \leqslant 160$、门洞的张角 $\delta \leqslant 60°$、门洞的尺寸 $h_1/b_1 \leqslant 3$ 时，可用式（5-31）进行修正

$$\sigma'_{xS,R,d} = C_1 \sigma_{xS,R,d} \tag{5-31}$$

式中 $C_1 = A_1 - B_1(r/t)$，A_1、B_1 的取值见表 5-5，中间值可用线性内插法计算。

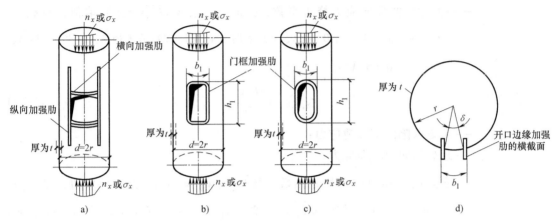

图 5-8 下段塔架门框开口示意图

表 5-5 参数 A_1、B_1 的取值

张角	Q235 钢		Q345 钢	
	A_1	B_1	A_1	B_1
$\delta = 20°$	1.00	0.0019	0.95	0.0021
$\delta = 30°$	0.90	0.0019	0.85	0.0021
$\delta = 60°$	0.75	0.0022	0.70	0.0024

4. 屈曲稳定性分析准则

塔架处于不同的荷载工况时，屈曲变形不同，所以对所有的荷载工况都要进行屈曲验算。当单元的实际应力小于许用屈曲应力时，不会发生屈曲破坏。

对承受单一应力的单元，屈服准则为

$$\frac{\sigma_x}{\sigma_{x\mathrm{S,R,d}}} \leq 1 \qquad (5\text{-}32)$$

$$\frac{\sigma_\varphi}{\sigma_{\varphi\mathrm{S,R,d}}} \leq 1 \qquad (5\text{-}33)$$

$$\frac{\tau}{\tau_{\mathrm{S,R,d}}} \leq 1 \qquad (5\text{-}34)$$

对承受组合应力的单元，屈服准则为

$$\left(\frac{\sigma_x}{\sigma_{x\mathrm{S,R,d}}}\right)^{1.25} + \left(\frac{\sigma_\varphi}{\sigma_{\varphi\mathrm{S,R,d}}}\right)^{1.25} + \left(\frac{\tau}{\tau_{\mathrm{S,R,d}}}\right)^2 \leq 1 \qquad (5\text{-}35)$$

■ 5.4 法兰设计

塔架一般由多个法兰段连接而成，每个法兰段又由多个焊接筒节段组成。法兰的实际受力比较复杂，其内力精确计算可根据板块的支承情况采用有限元法进行。在设计中，要求按照 GL 规范 DIN 18800-7 进行计算，法兰连接的极限计算可采用 Petersen 方法，而疲劳计算采用 Schmidt-Neuper 方法。需要强调的是，塔顶法兰由于主机架结构和偏航轴承的影响，工程计算不再准确。塔底同样有门框的应力集中作用，工程计算应予以修正。

对于塔架的环形法兰螺栓连接，GL 规范要求法兰应按照 DIN 18800-7 进行拧紧装配。在法兰的极限状态分析中，螺栓的预紧力可以不考虑，但是局部的塑性化应予以计算。在法兰连接的疲劳分析中，螺栓的疲劳计算应考虑安装预紧力作用。

1. 极限强度计算——Petersen 方法

Petersen 方法只计算最危险螺栓，如图 5-9 所示。Petersen 方法没有考虑螺栓预紧力作用对变形的影响。螺栓只用弹簧模拟，而且预变形为 0，其简化模型如图 5-10 所示。由于弹簧不承受弯矩作用，自然 Petersen 方法计算的螺栓没有考虑弯矩的影响，计算模型是不够准确的。但是，Petersen 法对螺栓采用很大的安全系数，以弥补模型的不足，其计算结果与实验数据基本相符。

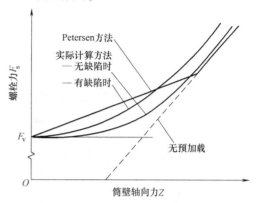

图 5-9 Petersen 计算方法模型

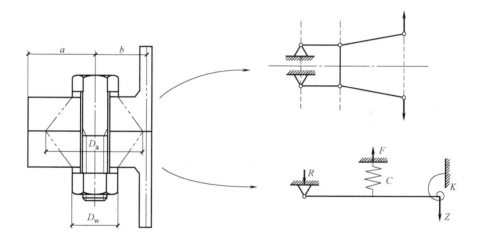

图 5-10 Petersen 方法的简化模型

在 Petersen 方法中，将法兰假设为梁，采用两条 3 次曲线模拟法兰的变形挠度曲线，如图 5-11 所示。

其曲线方程为

$$\begin{cases} w_1 = C_1 x_1^3 + C_2 x_1^2 + C_3 x_1 + C_4 \\ w_2 = C_5 x_2^3 + C_6 x_2^2 + C_7 x_2 + C_8 \\ \varphi = \dfrac{\mathrm{d}w}{\mathrm{d}x}, M = -EI\dfrac{\mathrm{d}^2 w}{\mathrm{d}x^2}, Q = -EI\dfrac{\mathrm{d}^3 w}{\mathrm{d}x^3} \end{cases} \tag{5-36}$$

方程中的 8 个系数由边界条件确定。

1）O 点挠度为 0，弯矩为 0，即 $x_1 = 0$，$w_1 = 0$；$x_1 = 0$，$M_1 = 0$。

2）连接点弯矩平衡，剪力平衡，即 $x_2 = b$，$M_2 - K\varphi_2 = 0$；$x_2 = b$，$Q_2 - Z = 0$。

3）螺栓点处的边界条件有：

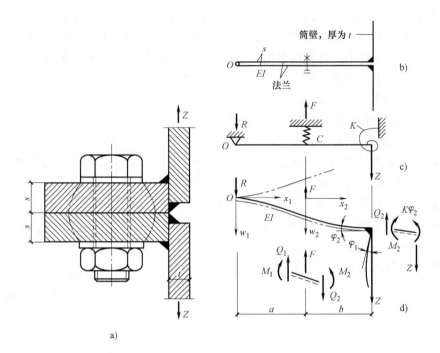

图 5-11　法兰的计算模型

挠度相等，$x_1 = a$，$x_2 = 0$，$w_1 = w_2$。

角度相等，$x_1 = a$，$x_2 = 0$，$\varphi_1 = \varphi_2$。

弯矩平衡，$x_1 = a$，$x_2 = 0$，$M_1 - M_2 = 0$。

剪力平衡，$x_1 = a$，$x_2 = 0$，$Q_1 - Q_2 + F = 0$。

将 8 个边界条件代入方程（5-36）中，联立求解曲线系数。

$$C_1 = \frac{1}{6b^2}(\alpha - \beta)\,, C_2 = C_4\,, C_3 = \left(1 + \frac{2}{\varepsilon}\right)\frac{\beta}{2} - (\alpha - \beta)\left(1 + \frac{1}{\varepsilon} + \frac{\gamma}{2}\right)\gamma$$

$$C_5 = \frac{1}{6b^2}\beta\,, C_6 = \frac{1}{2b}(\alpha - \beta)\lambda\,, C_7 = \left(1 + \frac{2}{\varepsilon}\right)\frac{\beta}{2} - (\alpha - \beta)\left(1 + \frac{1}{\varepsilon}\right)\gamma$$

$$C_8 = \left[\left(1 + \frac{2}{\varepsilon}\right)\frac{\beta}{2} - (\alpha - \beta)\left(1 + \frac{1}{\varepsilon} + \frac{\gamma}{3}\right)\gamma\right]\alpha$$

式中，$\alpha = \dfrac{\left[\dfrac{1}{2} + \dfrac{1}{\varepsilon} + \left(1 + \dfrac{1}{\varepsilon} + \dfrac{\gamma}{3}\right)\gamma\right]\delta}{1 + \left(1 + \dfrac{1}{\varepsilon} + \dfrac{\gamma}{3}\right)\gamma\delta}$，$\beta = \dfrac{Zb^2}{EI}$，$\gamma = \dfrac{a}{b}$，$\delta = \dfrac{2Cab^2}{EI}$，$\varepsilon = \dfrac{Kb}{EI}$，$F = \alpha\dfrac{EI}{b^2}$

则　　　　　　　　　　$F = 2w_1(x_1 = a) \cdot C = 2w_2(x_2 = 0) \cdot C$　　　　　　　（5-37）

扭转弹簧的弹簧系数 $K = 4EI_s/L_s$，如图 5-12 所示，原始方法主要用于实验对比，对于塔筒结构不能适用。因此，在 Petersen 方法中特别地将其替换为式（5-38）

$$K = \frac{Ect^3}{4 \cdot \sqrt[4]{3(1-\mu^2)}\sqrt{rt}} = \frac{Ect^3}{8.5\sqrt{rt}} \qquad\qquad (5\text{-}38)$$

由此可以通过简化力学模型，由法兰几何尺寸 a、b、I、c、k 等求得螺栓、法兰内力

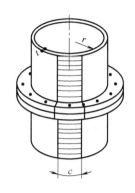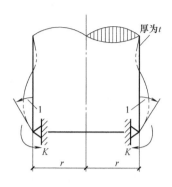

图 5-12 弹簧系数

值，从而进一步验算极限强度。

【计算实例】 以图 5-13 为例具体叙述法兰的计算。螺栓为 M16，夹紧长度 $l_s = 4.8cm$，$a = b = 3.0cm$，垫片内外径分别为 $d = 1.7cm$、$D = 3.0cm$，法兰厚度 $t = 2.0cm$，垫片厚度 $S_s = 0.4cm$，筒体壁厚 $s = 1.0cm$，分度圆弧长 $c = 16.0cm$，假设固定端长 $l_s = 16.0cm$，$Z = 50kN$。

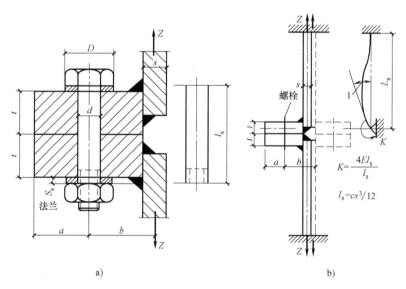

图 5-13 法兰计算实例

（1）求解螺栓与法兰的弹簧系数 C

1）求解螺栓的弹簧系数 C_s。

$$C_s = \frac{EA_b}{l_s} = \frac{21000 \times 2.01}{4.8} kN/cm = 8794 kN/cm$$

2）求解法兰的弹簧系数 C_{d1} 和垫片的弹簧系数 C_{d2}。

$$C_{d1} = \frac{E}{2t} \cdot \frac{\pi}{4} \cdot \left[\left(D + \frac{2t}{10} \right)^2 - d^2 \right] = \frac{21000}{4.0} \times \frac{\pi}{4} \times \left[\left(3.0 + \frac{4.0}{10} \right)^2 - 1.7^2 \right] kN/cm$$

$$= 35749 kN/cm$$

$$C_{d2} = \frac{E}{S_s} \cdot \frac{\pi}{4} \cdot (D^2 - d^2) = \frac{21000}{0.4} \times \frac{\pi}{4} \times (3.0^2 - 1.7^2) \text{kN/cm} = 251936 \text{kN/cm}$$

3）进行弹簧的串联和并联计算。

$$C_d = \frac{1}{\dfrac{1}{C_{d1}} + \dfrac{2}{C_{d2}}} = \frac{1}{\dfrac{1}{35749} + \dfrac{2}{251936}} \text{kN/cm} = 27846 \text{kN/cm}$$

$$C = C_s + C_d = (8794 + 27846) \text{kN/cm} = 36640 \text{kN/cm}$$

（2）求解扭转弹簧的弹簧系数 K

$$K = \frac{4EI_s}{L_s} = \frac{4E \cdot \dfrac{c \cdot s^3}{12}}{L_s} = \frac{4 \times 21000 \times \dfrac{16.0 \times 1.0^3}{12}}{16.0} \text{kN} \cdot \text{cm} = 7000 \text{kN} \cdot \text{cm}$$

（3）求解截面惯性矩

$$EI = E \cdot \frac{c \cdot t^3}{12} = 21000 \times \frac{16.0 \times 2.0^3}{12} \text{kN} \cdot \text{cm}^2 = 224000 \text{kN} \cdot \text{cm}^2$$

（4）曲线方程系数的参数计算

$$\gamma = \frac{a}{b} = \frac{3.0}{3.0} = 1.0$$

$$\delta = \frac{2Cab^2}{EI} = \frac{2 \cdot 36640 \cdot 3.0 \cdot 3.0^2}{224000} = 8.83$$

$$\varepsilon = \frac{Kb}{EI} = \frac{7000 \cdot 30}{224000} = 0.09375, \text{则} \frac{1}{\varepsilon} = 10.667$$

$$\beta = \frac{Zb^2}{EI} = \frac{50 \cdot 3.0^2}{224000} = 0.002009$$

$$\alpha = \frac{\left[\dfrac{1}{2} + \dfrac{1}{\varepsilon} + \left(1 + \dfrac{1}{\varepsilon} + \dfrac{\gamma}{3}\right)\gamma\right]\delta}{1 + \left(1 + \dfrac{1}{\varepsilon} + \dfrac{\gamma}{3}\right)\gamma\delta}$$

$$= \frac{[0.5 + 10.667 + (1 + 10.667 + 0.333) \cdot 10] \cdot 8.83}{1 + (1 + 10.667 + 0.333) \cdot 10 \cdot 8.83} = 0.003844$$

（5）螺栓、法兰强度验算

1）根据弹性理论，求解螺栓的最大拉应力与法兰的最小压应力，要求最大拉应力小于螺栓许用应力，法兰最小压应力应大于0。

$$F = \alpha \frac{EI}{b^2} = 0.003844 \times \frac{224000}{30^2} \text{kN} = 95.67 \text{kN}$$

螺栓的最大拉力 $F'_{vs} = F_v + \dfrac{C_s}{C}F = \left(101 + \dfrac{8794}{36640} \times 95.67\right) \text{kN} = 123.96 \text{kN}$

法兰的最小压力 $F'_{vd} = F_v - \dfrac{C_d}{C}F = \left(101 - \dfrac{27846}{36640} \times 95.67\right) \text{kN} = 28.29 \text{kN} > 0$

2）求解螺栓孔位置的最大正应力与L形角点的最大正应力，要求两者应小于法兰材料的许用应力。

螺栓孔位置处，$x_2 = 0$，则

$$M_2(x_2 = 0) = -\frac{EI}{b}(\alpha - \beta)\gamma$$

$$= -\frac{224000}{3.0} \times (0.003844 - 0.002009)\,\text{kN} \cdot \text{cm} = -137.01\text{kN} \cdot \text{cm}$$

单片法兰的面积矩 $W = (c-d)\dfrac{t^2}{6} = (16.0 - 1.7) \times \dfrac{2.0^2}{6}\,\text{cm}^3 = 9.53\text{cm}^3$

$$\sigma = \frac{M}{W} = \frac{137.01}{9.53}\,\text{kN/cm}^2 = 14.23\text{kN/cm}^2 < [\sigma]$$

L 形角点处，$x_2 = b$，则

$$M_2(x_2 = b) = -\frac{EI}{b}[(\alpha - \beta)\gamma - \beta]$$

$$= -\frac{224000}{3.0}[(0.003844 - 0.002009) \times 1.0 - 0.002009]$$

$$= 12.99\text{kN} \cdot \text{cm}$$

筒体的面积矩 $W = \dfrac{cs^2}{6} = 16 \times \dfrac{1.0^2}{6}\,\text{cm}^3 = 2.67\text{cm}^3$

本分圆段筒体的截面积 $A = sc = 1.0 \times 16.0\,\text{cm}^2 = 16\text{cm}^2$

$$\sigma = \frac{Z}{A} \pm \frac{M}{W} = \left(\frac{50}{16} \pm \frac{12.99}{2.67}\right)\text{kN/cm}^2 = (3.13 \pm 4.87)\text{kN/cm}^2 = \begin{matrix} 8.0 \\ -1.74 \end{matrix}\text{kN/cm}^2 < [\sigma]$$

（2）塑性设计理论　上述弹性设计是趋于安全保守的，会造成建造成本的大幅增加。所以，在风力发电机组的设计中法兰连接还可以采用塑性设计原则。当采用塑性设计时，法兰连接一般有三种破坏方式：A 模式——螺栓直接拉断；B 模式——L 形角点发生屈服，C 模式——螺孔位置与 L 形角点同时发生屈服，如图 5-14 所示。

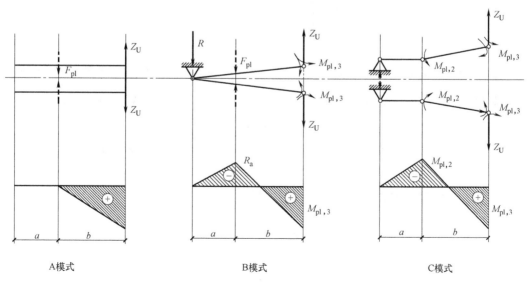

A模式　　　　　　　　　　B模式　　　　　　　　　　C模式

图 5-14　法兰的三种破坏形式

可以根据相关截面系数求取截面的塑性承载极限，并根据 A、B 和 C 三种破坏方式求取最大承载拉力 Z_U。其中 B 种破坏方式需要进行收敛计算。

$$\left.\begin{aligned} F_{pl} &= \beta_Z A_{sp} \\ M_{pl,2} &= \sigma_F W_{pl,2} \\ M_{pl,3} &= \sigma_F W_{pl,3} \end{aligned}\right\} \longrightarrow Z_U \tag{5-39}$$

另外，通过等效静力学计算可以得到分度圆弧塔筒上荷载，如式（5-40），与式（5-39）的计算结果基本相同。

$$Z_U = \frac{M}{\pi r^2 t} \cdot \frac{2\pi rt}{n} \pm \frac{F_z}{n} \tag{5-40}$$

式中　F_z——法兰截面处的竖向荷载。

2. 螺栓的疲劳计算——Schmidt-Neuper 方法

在正常工作状态下，法兰螺栓承受的应力不断变化，由此引发疲劳问题，螺栓的疲劳计算采用 Schmidt-Neuper 方法，计算简图如图 5-15 所示。

Schmidt-Neuper 方法基于 Petersen 方法，联合有限元计算分析，并对 Petersen 方法进行了修正。该法认为螺栓所受荷载 F_s 与筒壁荷载 Z 是三段线关系，且与预紧力 F_v 有很大关系，如图 5-16 所示。

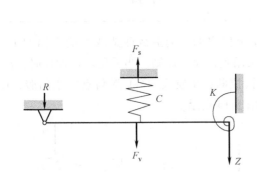

图 5-15　螺栓与法兰的简化模型

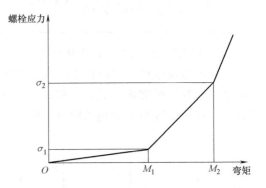

图 5-16　Schmidt-Neuper 方法的螺栓应力—荷载曲线

当荷载 Z 一定时，预紧力 F_v 越小，螺栓受力 F_s 越大，即斜率越大。即当螺栓预紧力很小时，法兰连接容易开口，螺栓承受荷载的比例增大。

$$\left\{\begin{array}{ll} F_s = F_v + pZ & (Z \leqslant Z_I) \\ F_s = F_v + pZ_I + [\lambda^* Z_{II} - (F_v + pZ_I)]\dfrac{(Z - Z_I)}{(Z_{II} - Z_I)} & (Z_I \leqslant Z \leqslant Z_{II}) \\ F_s = \lambda^* Z & (Z > Z_{II}) \end{array}\right. \tag{5-41}$$

式中，$\lambda^* = \dfrac{(0.7a + b)}{0.7a}$，$Z_I = \left[\dfrac{(a - 0.5b)}{(a + b)}\right]F_v$，$Z_{II} = \left[\dfrac{1}{\lambda^* q}\right]F_v$。

与 Petersen 方法一样，Schmidt-Neuper 方法适用于尺寸 $(a+b)/t \leqslant 3$ 的法兰，且未考虑弯矩对螺栓的影响，因此螺栓要采用一个保守的计算方法。GL 规范要求，如果未考虑螺栓所受弯矩影响，螺栓疲劳等级应取 36，按照许用疲劳应力验算螺栓的疲劳强度是否满足设计要求。实际设计时，一般采取对 S—N 曲线进行简化，保证简化后的 S—N 曲线比 GL 规范要求更为保守，如图 5-4 所示。

3. 底法兰连接计算分析

底法兰连接与中间法兰连接计算基本相同，但是要考虑门框对底法兰的应力集中作用，增大法兰的应力。因此荷载 Z 不能用简单的等效静力学公式（5-39）求解，可以采用有限元计算，获得应力集中系数 SCF，代入 Petersen 方法和 Schmidt-Neuper 方法进行计算即可。

4. 偏航连接强度计算

偏航连接强度计算与变桨距连接强度计算是一致的，两者方法一样。只是主机架刚度对连接螺栓承载情况的影响十分明显，偏航连接强度计算时需要一个完整的主机架（机舱底座）模型参与计算。而轮毂属于厚壁结构，刚度很大，所以计算时可以采用 1/3 模型进行连接计算。

■ 5.5　塔架的固有频率计算

由风轮转动引起的塔架受迫振动中，既有风轮转子残余的旋转不平衡质量产生的塔架以每秒转数 n 为频率的振动，也有由塔架影响、不对称空气来流、风剪切、尾流等造成的频率为 Bn 的振动。恒定转速的风力发电机组应保证塔架—机舱系统固有频率值在转速激励的受迫振动频率之外。一般要求塔架的一阶固有频率与受迫振动频率 n、Bn 的差值必须超过这些值的 20% 才能避免共振。同时，还应注意避免高阶共振。变转速风力发电机组可在较大的转速范围内变化输出功率，但不允许在风轮发生超速现象时转速的叶片数倍频下的冲击，也不得产生对塔架的激励共振。当叶片与轮毂之间采用非刚性连接时，对塔架振动的影响可以减小。尤其在叶片与轮毂采用铰性连接（变锥度）或风轮叶片能在旋转平面前后 5° 范围内运动时，采用这样的结构设计方法，能减轻由阵风或风的切变在风轮轴和塔架上引起的振动疲劳，其缺点是构造复杂。

1. 规范要求

为了避免塔架与机组其他部分的共振，《风力发电机组塔架》（GB/T 19072—2010）和《高耸结构设计标准》（GB 50135—2019）都对塔架（包括基础）的弯曲固有频率 $f_{0,n}$ 和激振频率 f_R、$f_{R,m}$ 之间的间隔提出了要求，应满足下式要求：

$$\frac{f_R}{f_{0,1}} \leqslant 0.95 \tag{5-42a}$$

$$\left| \frac{f_{R,m}}{f_{0,n}} - 1 \right| \geqslant 0.05 \tag{5-42b}$$

式中　f_R——正常运行范围内风轮的最大旋转频率；

$f_{0,1}$——整机状态下塔架的第一阶固有频率，应通过实测或监测修正；

$f_{R,m}$——m 个风轮叶片的通过频率；

$f_{0,n}$——整机状态下塔架的第 n 阶固有频率。

在计算固有频率时为了考虑不确定性因素的影响，频率应有±5%的浮动；设计时还应考虑各种风况引起的不同方向的振动，塔架可能存在共振情况时，允许通过调整控制策略等方法来避开共振点。

除考虑到弯曲振动外，尚需考虑扭转振动和横向振动。

1）应对包括运动部件在内的所有风力机部件组成的扭转系统进行系统扭转振动特性计算，以确定系统扭转振动固有频率。计算时还应考虑基础和系统阻尼的影响。

2）设计时还应对由阵风引起的沿风向的振动和湍流引起的横向振动加以考虑，其振动研究方法按有关规定。

2. 经验公式

高耸结构基本自振周期经验公式如下：

（1）一般情况 $\qquad T_1 = (0.007 \sim 0.013)H$ （5-43）

（2）塔架壁厚不大于30mm圆柱或者圆筒基础塔

当 $H^2/D_0 < 700$ 时 $\qquad T_1 = 0.35 + 0.85 \times 10^{-3} H^2/D_0$ （5-44a）

当 $H^2/D_0 \geqslant 700$ 时 $\qquad T_1 = 0.25 + 0.99 \times 10^{-3} H^2/D_0$ （5-44b）

式中　H——从基础底板或柱基顶面至设备塔顶面的总高度，m；

　　　D_0——塔的外直径，m（变直径塔可以按照各段高度为权，取外直径的加权平均值）。

（3）塔架壁厚不大于30mm框架基础塔

$$T_1 = 0.56 + 0.40 \times 10^{-3} H^2/D_0 \qquad （5-45）$$

（4）对于水平轴小型风力发电机组锥筒式钢塔架　根据经验，第一阶固有频率为

$$f_{0,1} = \frac{1}{2\pi}\sqrt{\frac{3EI}{(0.23m_t + m_s)H^3}} \qquad （5-46）$$

式中　E——钢材料的弹性模量；

　　　I——截面的惯性矩；

　　　m_t——塔架的质量；

　　　m_s——风轮与机舱的总质量。

3. 固有频率测试

大型风力发电机组的塔架高度一般都在80m以上，动力学问题直接影响风力发电机组的工作性能和可靠性，必须考虑塔筒与叶轮是否会发生共振。设计时的频率计算模型与实际结构有一定差距，因此塔架完成后还需实际测量塔架的频率和模态。

以某研究单位的一个实际工程为例说明测试方法。使用的试验仪器主要有941B拾振器、INV3018C 24位便携式采集仪、INV1861A应变调理器和DASP V10分析软件。试验方法分别为使用振动和应变两种测试方法进行测试，振动信号使用941B拾振器进行测试，传感器分别放置在塔筒的第二层和第三层；应变测试使用应变片进行，塔基均布4个测点，测点布置如图5-17所示，测试现场如图5-18所示。

图5-19所示为塔架振动频谱分析图，图5-20所示为时域信号局部放大图，比较光滑的是第三层拾振器的信号，另一条为第二层拾振器信号。塔架的一阶固有频率在叶轮旋转频率的1~3倍，与设计相符，另外，塔架的一阶固有频率与叶轮转动频率及三倍频率的差值也符合要求，无共振隐患。

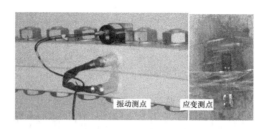

图 5-17　塔架固有频率测试的测点布置

图 5-18　塔架固有频率测试现场

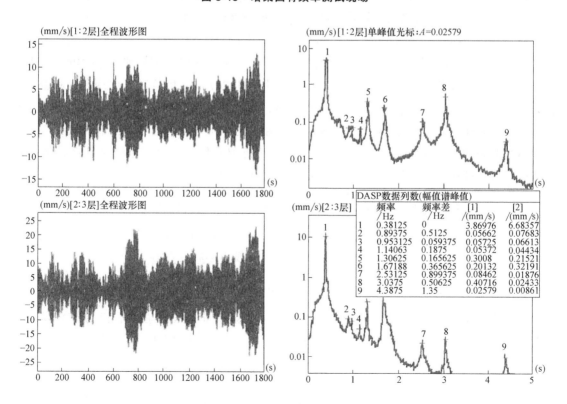

	频率 /Hz	频率差 /Hz	[1] /(mm/s)	[2] /(mm/s)
1	0.38125	0	3.86976	6.68357
2	0.89375	0.5125	0.05662	0.07683
3	0.953125	0.059375	0.05725	0.06613
4	1.14063	0.1875	0.05372	0.04434
5	1.30625	0.165625	0.3008	0.21521
6	1.67188	0.365625	0.20132	0.32191
7	2.53125	0.899375	0.08462	0.01876
8	3.0375	0.50625	0.40716	0.02433
9	4.3875	1.35	0.02579	0.00861

图 5-19　塔架振动时域及频谱分析

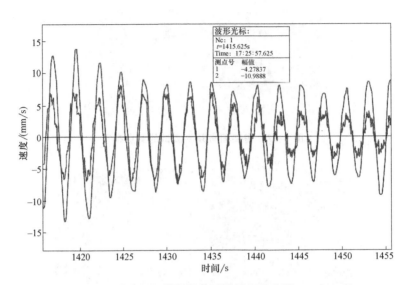

图 5-20　塔架振动时域局部放大图

■ 5.6　锥筒式塔架设计实例

以某 S 级 1.5MW 变速恒频风力发电机组塔架为例对塔架进行计算。原始数据如下：风密度 $\rho = 1.225\text{kg/m}^3$，机舱及风轮重心高度 $z_{\text{hub}} = 64.876\text{m}$，机舱重心位置（相对于塔架底部中心）：$x = -0.61\text{m}$，$y = 0.0366\text{m}$，$z = 64.876\text{m}$。塔架高度 $z_{\text{t}} = 63.1\text{m}$，顶部直径 $d_1 = 2.56\text{m}$，底部直径 $d_2 = 4.26\text{m}$，塔筒的投影面积 $A_{\text{t}} = 215.17\text{m}^2$。取暴风时最大风速 $v_{\text{e}50} = 50\text{m/s}$，基本风压 $\omega_0 = 0.55$，风轮直径 $D = 70.5\text{m}$，叶片的投影面积 207m^2，机舱顺风向迎风面积修正系数 $K_1 = 0.91$，机舱顺风向迎风面积 $S_1 = 12.17 \times K_1 = 11.07\text{m}^2$，机舱侧风向迎风面积修正系数 $K_2 = 0.95$，机舱侧风向迎风面积 $S_2 = 28 \times K_2 = 26.6\text{m}^2$。

（1）暴风风速时塔筒荷载　塔筒为圆锥体，可近似看作一个剖面形状为圆的二维柱体，筒体绕流阻力系数 $C_{\text{D}} = 0.7$，荷载集中作用于塔筒高度中心。

$$F_{\text{ts}} = \frac{1}{2}\rho v_{\text{e}50}^2 C_{\text{D}} A_{\text{t}} = \frac{1}{2} \times 1.225 \times 50^2 \times 0.7 \times 215.17\text{N} = 230.635\text{kN}$$

（2）暴风时机舱气动荷载计算　风为顺风向时，机舱可近似视为一个三维的立方体，阻力系数取 $C_{\text{D}} = 1.0$，作用点位置为机舱外形顺风向投影形状的形心

$$F_{\text{顺}} = \frac{1}{2}\rho v_{\text{e}50}^2 C_{\text{D}} S_1 = \frac{1}{2} \times 1.225 \times 50^2 \times 1.0 \times 11.07\text{N} = 16.95\text{kN}$$

风为侧向流时，机舱可近似看作一个剖面形状为正方形的二维柱体，阻力系数取 $C_{\text{D}} = 2.0$，作用点位置（相对于塔架底部中心）：$x = 1.3\text{m}$，$y = 0$，$z = 64.876\text{m}$，则

$$F_{\text{侧}} = \frac{1}{2}\rho v_{\text{e}50}^2 C_{\text{D}} S_2 = \frac{1}{2} \times 1.225 \times 50^2 \times 2.0 \times 26.6\text{N} = 81.463\text{kN}$$

（3）风轮产生的荷载　风力发电机正常工作时，切出风速 $v_{\text{out}} = 25\text{m/s}$，则作用在风轮上的面荷载与风速、风的密度、风压高度变化系数、风荷载体型系数和风振系数有关。垂直

于结构表面上的风荷载标准值应按下述公式计算

$$\omega_k = \frac{1}{2}\beta_z \mu_s \mu_z \rho v_{out}^2 = \frac{1}{2}C_T \rho v_{out}^2 \tag{5-47}$$

式中　ω_k——风荷载标准值；

　　　μ_s——风荷载体型系数；

　　　μ_z——风压高度变化系数；

　　　β_z——z 高度处的风振系数。

　　　C_T——推力系数，$C_T = \beta_z \mu_s \mu_z$；

　　　ρ——空气质点密度；

　　　v_{out}——风速。

　　风能利用系数 C_p 在理论上的最大值为 0.593，这个数值称为贝茨极限。传统风车的风能利用系数不到 20%，低速风力发电机组约 30%，新式的高速风力机可达 40% 左右，目前最先进的风机的利用系数可达到 0.45。《风力发电机组风轮叶片》JB/T 10194—2000 规定："为了提高机组的输出能力，降低机组的成本，风能利用系数 C_p 应大于或等于 0.44。风轮的迎风面积 $S = \pi D^2/4$，则作用在风轮上的风力标准值为

$$F_s = \omega_k S C_p = \frac{1}{2}C_T \rho v_{out}^2 S C_p$$

$$= \frac{1}{2} \times 1.6 \times 1.225 \times 25^2 \times \frac{3.14 \times 70.5^2}{4} \times 0.44 \text{N} = 1051.49 \text{kN}$$

　　在暴风作用下，风轮已停止转动，此时作用在风轮上的风压力按 1984 年丹麦风电专家彼得森推荐的公式。其中推力系数取 $C_T = 1.6$，叶片的投影面积 A_b，叶片数 N_b 取 3，则

$$F_s = \frac{1}{2}C_T \rho v_{e50}^2 A_b N_b = \frac{1}{2} \times 1.6 \times 1.225 \times 50^2 \times 207 \times 3 \text{N} = 1521.45 \text{kN}$$

　　鉴于在暴风中发生了多起风力发电机组毁损情况，考虑暴风中的瞬时最大风速和湍流等因素，建议采用式（5-48），这样结果与风力发电机组正常工作时的最大值相当

$$F_s = \frac{1}{2}C_T \rho v_{e50}^2 A_b N_b \gamma_s \tag{5-48}$$

式中　C_T——推力系数，取 1.6；

　　　A_b——单个叶片的投影面积；

　　　N_b——叶片数，一般为 3；

　　　γ_s——风荷载分项系数，取 1.4；

　　　v_{e50}——暴风风速；

　　　ρ——叶轮中心处的空气密度。

（4）风轮机舱自重

$$F_r = G_1 + G_2 = 170 \times 9.8 \text{kN} = 1666 \text{kN}$$

（5）塔架静力验算

$$F_{as} = F_s + F_{顺} = (1051.49 + 16.95) \text{kN} = 1068.44 \text{kN}$$

塔架底部的水平剪力

$$F_x = F_{ts} + F_{顺} + F_s = (230.635 + 16.95 + 1051.49) \text{kN} = 1299.08 \text{kN}$$

塔架底部的弯矩

$$M_y = F_{as}(h_2+H) + \frac{F_{ts}H}{2} - G_1 x$$

$$= (1051.49 \times 64.876 + 230.635 \times 63.1/2 - 90 \times 9.8 \times 0.61) \text{kN} \cdot \text{m}$$

$$= 76054.63 \text{kN} \cdot \text{m}$$

$$\sigma = \frac{M_y}{W} + \frac{G_1 + G_2}{\Psi A}$$

$$= \left[\frac{76054.63}{\pi \times (4.26^3 - 4.224^3) \times 4.26/64} + \frac{1666}{\pi \times 4.26 \times 0.018} \right] \text{kPa}$$

$$= 194.16 \text{MPa}$$

$$\tau_1 = \frac{T}{2\pi(r+t/2)^2 t} = 65 \text{MPa}$$

$$\tau_2 = \frac{V}{2\pi(r+t/2)t} = 58 \text{MPa}$$

$$\sigma_{max} = \frac{\sigma}{2} + \sqrt{\frac{\sigma^2}{2} + \tau^2} = 248.98 \text{MPa} < [\sigma] = 280 \text{MPa}$$

塔架的材料为 Q345 钢, 采用的材料分项系数为 1.111, 则许用应力为 280MPa, 满足要求。

塔架的最大位移为

$$w_{max} = \frac{FH^3}{3EI} + \frac{qH^4}{8EI} = 0.112 \text{m}$$

塔架的许用挠度 $[w]$ 控制在 $(0.5\% \sim 0.8\%)H$, 最大位移为 0.112m, 满足要求。

塔架的最大倾角为

$$\theta_{max} = \frac{FH^2}{2EI} + \frac{qH^3}{6EI} = 0.0798 \text{rad}$$

塔架的许用挠度 $[w]$ 控制在 $(0.5\% \sim 0.8\%)H$, 进行倾角换算后叶片的倾角范围为 $(0.24\% \sim 0.38\%)H$ (以弧度计), 本例的最大转角限制为 0.217rad, 满足要求。

第6章　格构式钢管混凝土风力发电机组塔架设计

对格构式钢管混凝土风力发电机组塔架的结构类型和主体尺寸进行了布置，考虑风力发电机组使用过程中承受的各项荷载，采用钢管混凝土统一理论和简化空间桁架法柱肢和腹杆截面尺寸进行设计。

■ 6.1　格构式钢管混凝土风力发电机组塔架的结构选型

6.1.1　水平截面形式

根据边数的不同，格构式塔架的水平截面可分为三角形、四边形、六边形和八边形这四种形式，如图6-1所示。格构式塔架的水平截面一般设计为正多边形。

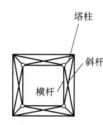

图6-1　格构式塔架的水平截面形式

格构式钢管混凝土塔架的水平截面形式的选择决定了其肢柱的数量，塔架截面边数越少，材料用量就越少，因此三角形截面的用料最省，四边形次之，但四边形的侧向刚度与抗扭性能较好。当塔架较高、底盘尺寸较大时，用四边形截面会导致腹杆过长，格构式塔架则可采用六边形或八边形形式。就目前的研究与实践来说，格构式钢管混凝土风力发电机组塔架均设计为三肢柱或四肢柱结构。

6.1.2　立面形式

格构式塔架的立面形式可设计为直线形、单折线形、多折线形和拱形底座多折线形，如图6-2所示。塔架结构整体弯矩变化与悬臂梁类似，进行立面轮廓线设计时，要考虑到合理受力以及钢管混凝土实际工艺和施工等要求。

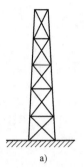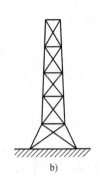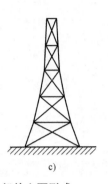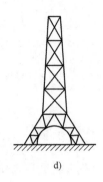

图 6-2　格构式塔架的立面形式

a）直线形　b）单折线形　c）多折线形　d）拱形底座多折线形

6.1.3　腹杆形式

格构式塔架腹杆的形式按布置方式的不同分为斜杆式、交叉式、K 式和再分式，如图 6-3 所示。

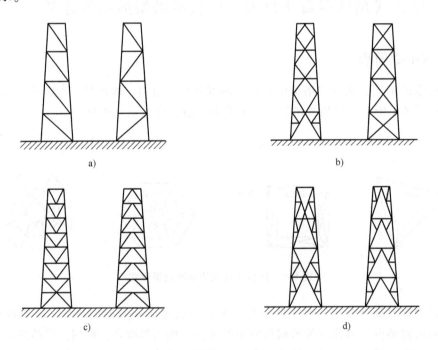

图 6-3　格构式塔架的腹杆形式

a）斜杆式　b）交叉式　c）K 式　d）再分式

斜杆式腹杆体系常应用在小型塔架中。在设计中因为受长细比控制量的制约，其斜腹杆的力学性能不能得到充分的利用；并且斜杆式腹杆体系每一节段长度较大，使得塔架整体用钢量较多，故不太经济。

交叉式腹杆体系包括十字形和米字形两种。十字形腹杆体系常用于杆件长度较短处，具有构造简单、焊接量少等优点。米字形腹杆体系对减小肢柱、横杆及斜杆的长细比很有益，与十字形交叉腹杆体系相比，若塔体尺度相同，各种杆件的长细比均几乎减半。缺点是节点数量多，有的节点较复杂，横隔杆件多，节点多。但这些杆件长度均较短，用材增加并不多。所以米字形腹杆体系对于大中型塔架较为适用。

K式腹杆体系的优缺点介于两种交叉式腹杆体系之间，其特点为节间长度和斜杆、横杆长度相对较小，在塔架宽度较大时这种形式较为适用。

再分式腹杆体系常用于几何尺寸较大的塔架结构，可以有效减小杆件的长细比，能充分发挥材料的作用，但同时辅助材料的增加使得这种形式的塔架不太经济。

■ 6.2　格构式钢管混凝土风力发电机组塔架的主体尺寸设计

6.2.1　塔架高度

风力发电机组的发电量与塔架的高度密切相关。因为风速随着离地面高度的增加而增加，轮毂高出地表湍流附面层，将会增加发电量。在海上风电场，风速随高度增大很快，故塔架高度低。在陆上风电场，由于地面湍流附面层较高，要用较高的塔架。轮毂高度与叶轮直径之比，海上风力发电机组为 1.0~1.4，内陆风力发电机组则为 1.2~1.8。风力发电机组功率越小，该比值就越大，对于兆瓦级风力发电机组来说，该比值相对较小，统计数据如图 6-4 所示。

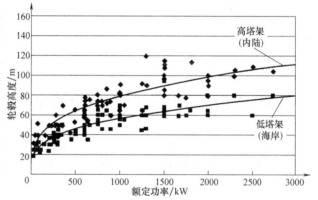

图 6-4　轮毂离地高度与风力发电机组额定功率的关系

风力发电机组塔架的高度是塔架设计过程中最重要的参数，它的选择与塔架的荷载和结构尺寸等设计参数密切相关，锥筒式塔架的高度采用下式估算

$$H = h + C + R \qquad (6-1)$$

式中　h——风力发电机组附近障碍物的高度；

　　　C——障碍物最高点到风轮扫掠面的距离，一般最小取值 1.5~2.0m；

　　　R——风轮半径。

6.2.2　塔架宽度

格构式塔架底部宽度的大小影响塔架的水平位移和自振周期，塔架底部宽度一般取为整个塔架高度的 1/10~1/4。

顶部宽度取决于塔架高度、宽高比和塔身斜率的设计，还要考虑偏航轴承尺寸进行设计。

6.2.3　塔身斜率

塔身斜率是指塔身母线与水平面夹角的正切值，即

$$\tan\alpha = 2H/(D_1 - D_2) \tag{6-2}$$

式中　α——塔架倾角；

　　　H——塔架高度；

　　　D_1——塔架底部宽度；

　　　D_2——塔架顶部宽度。

塔架受到顶部作用力和塔身风荷载的影响，塔身斜率将影响肢柱和腹杆的内力分配。塔身斜率通常受到材料规格型号和构件受压稳定性系数的影响，在追求最优塔架斜率的同时，还应考虑塔架材料规格型号的通用性、建筑造型及受力的合理性，塔身最佳斜率值为 42 ~ 52，即塔架最佳倾角为 87° ~ 89°。

6.2.4　腹杆倾角

当格构式塔架的腹杆倾角为 30° ~ 45° 时，其水平位移随着腹杆倾角的增大而减小；当腹杆角度为 45° ~ 50° 时，其水平位移随着腹杆倾角的增大而增大。格构式塔架的用钢量是随着腹杆倾角的增大而减小的，这是因为倾角增大，格构式塔架的节段就会减少，腹杆的使用量也随之减少。

设计中将塔架分为了 14 个节段，腹杆倾角都控制在 40° ~ 47°。

■ 6.3　格构式钢管混凝土风力发电机组塔架的荷载计算

目前，风力发电机组大体上可分为风轮、机舱、塔架和基础四部分。其中，塔架是风力发电机组的主要承载结构，不但要承受机舱重力、风轮作用力及风对塔架的弯、剪、扭等作用力，还要承受风轮引起的振动作用力。所以，本节主要对重力荷载、偏心弯矩、轮毂扭矩、风轮水平推力和塔身风荷载进行分析计算。

1. 重力荷载

在风力发电机组的设计参数时，要机舱质量和叶轮质量，以此计算机头重力荷载。

$$G = Mg = 1761.36\text{kN}$$

2. 偏心弯矩

$$M_{YT} = Ge \tag{6-3}$$

式中　e——机头质量分布不均匀引起的偏心距离。

3. 轮毂扭矩

$$M_{XH} = \frac{P_{ei}}{n} \tag{6-4}$$

式中　P_{ei}——最大输出功率（W）；

　　　n——风轮转速（r/min）。

4. 风轮水平推力

（1）正常运转工况下风轮推力 F_u（N）

$$F_u = C_P v^2 A \tag{6-5}$$

式中　C_P——推力系数，取 0.4；

　　　v——额定风速（m/s）；

A——风轮的扫略面积（m^2）。

（2）切出风工况下的风轮推力 F_{XH}（N）

$$F_{XH}=\frac{1}{2}C_{FB}\rho v_{out}^2 A \tag{6-6}$$

式中　C_{FB}——推力系数，取 0.5；

　　　ρ——空气密度；

　　　v_{out}——风力发电机组的切出风速。

（3）极端风工况下的风轮推力 F_{XH}（N）

$$F_{XH}=\frac{1}{2}C_T\rho v_{max}^2 A_b B \tag{6-7}$$

式中　C_T——推力系数，取 1.6；

　　　ρ——空气密度（kg/m^3）；

　　　v_{max}——风力发电机组的抗最大风速（m/s）；

　　　A_b——风轮的投影面积（m^2）；

　　　B——风轮叶片数目。

5. 塔身风荷载

根据《建筑结构荷载规范》（GB 50009—2012），塔身表面的风荷载标准值采用下式计算

$$\omega_k=\beta_z\mu_s\mu_z\omega_0 \tag{6-8}$$

式中　ω_k——风荷载标准值；

　　　β_z——高度 z 处的风振系数；

　　　μ_s——风荷载体型系数，主要与塔架的外形、尺度等有关；

　　　μ_z——风压高度变化系数；

　　　ω_0——基本风压。

（1）风压高度变化系数 μ_z　风电场大多属于 B 类地面粗糙度类别，根据《建筑结构荷载规范》，高度 z（m）处的风压高度变化系数采用下式进行计算

$$\mu_z=1.000\left(\frac{z}{10}\right)^{0.30} \tag{6-9}$$

（2）风荷载体型系数 μ_s　要准确计算格构式塔架的风荷载，就必须确定准确的风荷载体形系数。但我国荷载规范与国外关于格构式塔架风荷载体形系数的取值相差很大。邹良浩等经过比较表明，圆截面格构式塔架的风荷载体型系数风洞实验结果与美国荷载规范得到的结果较为接近。所以建议采用美国规范（ASCE 7-10）中的公式计算风荷载体型系数，即

$$\mu_s=3.4\varepsilon^2-4.7\varepsilon+3.4 \tag{6-10}$$

式中　ε——挡风系数。

（3）顺风向风振系数 β_z

$$\beta_z=1+2gI_{10}B_z\sqrt{1+R^2} \tag{6-11}$$

式中　g——峰值因子；

　　　I_{10}——10m 高度名义湍流强度；

　　　R——脉动风荷载的共振分量因子；

B_z——脉动风荷载的背景分量因子。

脉动风荷载的共振分量因子按下式计算

$$R = \sqrt{\frac{\pi}{6\zeta_1} \frac{x_1^2}{(1+x_1^2)^{4/3}}} \qquad (6\text{-}12)$$

$$x_1 = \frac{30f_1}{\sqrt{k_w \omega_0}}, \quad x_1 > 5 \qquad (6\text{-}13)$$

式中 f_1——结构第一阶自振频率（Hz）；

k_w——地面粗糙度修正系数；

ω_0——基本风压（kN/m^2）；

ζ_1——结构阻尼比，根据《高层建筑混凝土结构技术规程》（JGJ 3—2010）取值。

脉动风荷载的背景分量因子按下式计算

$$B_z = kH^{\alpha_1} \rho_x \rho_z \frac{\phi_1(z)}{\mu_z} \qquad (6\text{-}14)$$

式中 $\phi_1(z)$——结构第一阶振型系数；

H——结构总高度（m）；

ρ_x——脉动风荷载水平方向相关系数；

ρ_z——脉动风荷载竖直方向相关系数；

k、α_1——系数，根据地面粗糙类别取值。

■ 6.4　塔架内力分析与截面设计

6.4.1　肢柱轴力计算及截面初选

根据肢柱在风力发电机组运行中最不利工况的内力分析结果来选定肢柱的截面尺寸，以保证其满足设计要求。对于三肢柱塔架，当其中两根肢柱受压、一根肢柱受拉时，这根受拉肢柱的受力最大。因此，设计中主要计算该受力状况下的肢柱内力。

塔架在水平风荷载作用下，塔底的最大弯矩可采用下式计算：

$$M = 1.4 \times F_{XH} \times H + \sum_{i=1}^{n=14} 1.4 \times 0.6 \times F_i \times (H - H_i) \qquad (6\text{-}15)$$

式中 M——塔底弯矩；

F_{XH}——风轮推力；

F_i——塔架节间荷载经简化后的集中力；

H——塔架高度；

H_i——塔架节间高度。

因塔架的抗倾覆力矩由这三根柱肢反力对塔架底部三角形截面的形心矩提供，而且塔架形心轴方向受力平衡，所以可得下列方程组：

$$M = F_t \times \frac{2}{3}h + 2 \times F_p \times \frac{1}{3}h \qquad (6\text{-}16)$$

$$1.2(G_1+G_2)=2\times F_p-F_t \tag{6-17}$$

式中　F_t——肢柱轴向拉力；

　　　F_p——肢柱轴向压力；

　　　G_1——机舱及风轮自重；

　　　G_2——塔架自重；

　　　h——塔架底部截面正三角形的高。

　　求解得到 F_t 和 F_p，可以看出柱肢所受轴向拉力大于轴向压力，故以此拉力来确定柱肢的截面尺寸，然后校核该截面尺寸是否满足受压承载力设计要求。

　　当钢管混凝土柱受拉时，假设由钢管承担全部拉力，不考虑混凝土的有利作用，结合钟善桐建议的轴心抗拉强度提高系数 $C_t=1.1$，则钢管混凝土单肢柱受拉时的截面面积由下式确定

$$A_s=\frac{N_t}{C_t f} \tag{6-18}$$

式中　N_t——轴向拉力；

　　　f——钢材抗拉强度设计值。

　　其长细比 λ 应满足 $\lambda=\dfrac{L}{D}<[\lambda]$ 的要求，其中 L 为钢管混凝土柱长度，D 为柱肢钢管外径。

　　验算所选截面受压承载力是否满足规范《钢管混凝土结构技术规程》（CECS 28—2012）的设计要求

$$N_u=\varphi_1\varphi_e N_0 \tag{6-19}$$

　　1）当 $\theta\leqslant[\theta]$ 时，$N_0=A_c f_c(1+\alpha\theta)$。

　　2）当 $\theta>[\theta]$ 时，$N_0=A_c f_c(1+\theta+\sqrt{\theta})$。

式中　φ_1——考虑长细比影响的钢管混凝土单肢柱承载能力折减系数，$\varphi_1=1-0.115$ $\sqrt{L_e/D-4}$，L_e 为钢筋混凝土柱的等效计算长度；

　　　φ_e——考虑偏心率影响的钢管混凝土单肢柱承载力折减系数；

　　　N_0——钢管混凝土轴心受压短柱的承载力设计值；

　　　α——与混凝土强度级别有关的系数；

　　　θ——钢管混凝土的套箍指标，$\theta=A_a f_a/A_c f_c$，A_a 为钢管横截面面积 $A_a=\dfrac{\pi}{4}$（D^2-d^2），f_a 为钢材抗压强度设计值；

　　　A_c——钢管内混凝土横截面面积，$A_c=\dfrac{\pi}{4}d^2$；

　　　f_c——混凝土轴心抗压强度设计值；

　　　$[\theta]$——套箍指标界限值，查表选用，应满足 $\varphi_1\varphi_e<\varphi_0$ 要求，φ_0 为按轴心受压柱考虑的 φ_1 值。

6.4.2　腹杆内力计算及截面初选

　　空间桁架法是格构式高耸塔架腹杆内力的一种计算方法，考虑了格构式塔架各杆件之间

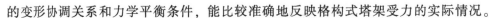

的变形协调关系和力学平衡条件，能比较准确地反映格构式塔架受力的实际情况。

空间桁架法可分为简化空间桁架法、分层空间桁架法和整体空间桁架法。

简化空间桁架法是一种比较简捷的计算方法，其简化了变形协调关系。假定格构式塔架横截面只有水平方向位移而没有截面转角，所有节点均为理想铰。

格构式塔架的斜腹杆内力计算如下

$$S = \frac{V - \frac{2M}{D}\cot\beta}{C_1\cos\alpha - C_2\sin\alpha\sin\beta_0\cot\beta} \tag{6-20}$$

式中　V——节段底部剪力；

　　　　M——节段底部弯矩；

　　　　α——斜杆与横杆的夹角；

　　　　β——肢柱与水平面的夹角；

　　　　β_0——塔面与水平面的夹角；

　　　　D——节段底部外接圆直径；

　　C_1、C_2——计算塔架各杆件内力系数。

腹杆的长细比较大，设计尚需要根据其稳定性要求初选腹杆截面尺寸。腹杆截面面积按下式计算

$$A_w = \frac{N_w}{\varphi f} \tag{6-21}$$

式中　N_w——构件承受的轴心压力；

　　　　φ——轴心受压构件的稳定性系数；

　　　　f——钢材抗压强度设计值。

■ 6.5　节点承载力验算

格构式钢管混凝土塔架的节点有两种形式，一种是管板式，另一种是相贯式，如图 6-5 所示。

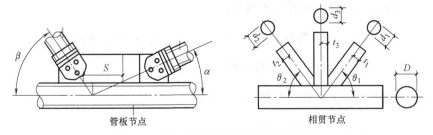

图 6-5　格构式钢管混凝土塔架节点形式

根据《钢结构设计标准》GB 50017—2017，节点焊缝承载力按下式验算

$$\sigma_f = \frac{N}{h_e l_w} \leq \beta_f f_f^w \tag{6-22}$$

式中　h_e——角焊缝的计算厚度，当腹杆轴心受力时可取 $0.7h_f$，h_f 为焊脚尺寸；

l_w——角焊缝的计算长度；

f_f^w——角焊缝的强度设计值；

β_f——正面角焊缝的强度设计值增大系数，直接承受动力荷载的结构取为 1.0。

6.6 格构式钢管混凝土塔架设计实例

某实际安全运行的 3MW 风力发电机组，风轮直径为 99.348m，塔架结构采用锥筒式塔架，塔筒高 82.61m，塔架底部直径为 4.74m，顶部直径为 3.03m。额定风速为 11.6m/s，切出风速为 25m/s，极端风速为 52.5m/s。地面粗糙度为 B 类，基本风压 ω_0 取 0.8kN/m²。现尝试采用格构式钢管混凝土塔架，并给出细节设计。钢材采用 Q345E，填充混凝土选用 C50。

6.6.1 格构式塔架的形式选择

格构式塔架的截面形式考虑到塔架高度、经济性和工程实践，选择三角形截面，即三肢柱形式。立面形式考虑到合理受力以及钢管混凝土实际工艺和施工等要求，将立面轮廓线设计成直线形。腹杆形式考虑到腹杆长度、节点数量和复杂性，选择十字形交叉式腹杆。

6.6.2 主体尺寸设计

以实例的锥筒式塔筒设计高度为参考，将格构式钢管混凝土塔架高度定为 82.61m。

考虑塔架的刚度和自振周期，取塔底宽度为 8.26m；考虑到偏航轴承尺寸，取塔顶宽度为 4.33m。根据塔架高度、塔底宽度、塔顶宽度计算塔身的斜率为 42°。考虑到塔架水平位移和用钢量的控制，将塔架分成 14 个节段，将腹杆倾角控制在 40°～47°之间。

6.6.3 塔架顶端的荷载计算

（1）重力荷载计算 参考 3MW 风力发电机的设计参数中，机舱质量为 $m_1 = 105040$kg，叶轮质量为 $m_2 = 71096$kg，则机头质量及重力荷载分别为

$$M = m_1 + m_2 = 176136\text{kg}$$
$$G = Mg = 1761.36\text{kN}$$

（2）偏心弯矩计算 根据式（6-3），机头的偏心弯矩为

$$M_{YT} = 1761.36 \times 0.93\text{kN} \cdot \text{m} = 1638.06\text{kN} \cdot \text{m}$$

（3）轮毂扭矩计算 根据式（6-4），轮毂扭矩为

$$M_{XH} = \frac{3 \times 10^3}{15.6}\text{kN} \cdot \text{m} = 192.3\text{kN} \cdot \text{m}$$

（4）风轮水平推力计算

1）根据式（6-5），正常运转工况下风轮推力为

$$F_u = 0.4 \times 11.6^2 \times \pi \times \left(\frac{99.348}{2}\right)^2 \text{kN} = 417.2\text{kN}$$

2）根据式（6-6），切出风工况下的风轮推力为

$$F_{XH} = \frac{1}{2} \times 0.5 \times 1.225 \times 25^2 \times \pi \times \left(\frac{99.348}{2}\right)^2 \text{kN} = 1483.8 \text{kN}$$

3）根据式（6-7），极端风工况下的风轮推力为

$$F_X = \frac{1}{2} \times 1.6 \times 1.225 \times 52.5^2 \times \pi \times \left(\frac{99.348}{2}\right)^2 \times 0.5 \text{kN} = 1046.9 \text{kN}$$

6.6.4 塔身风荷载计算

根据 6.3.5 节所述方法，基本风压 $\omega_0 = 0.8 \text{kN/m}^2$，风荷载体型系数 $\varepsilon = 0.4$，顺风向风振系数计算时，取峰值因子 $g = 2.5$，对 B 类粗糙度地面，取 $I_{10} = 0.14$，结构第一阶自振频率 f_1 取 0.008Hz，结构阻尼比 $\zeta_1 = 0.03$。塔身风荷载的计算结果见表 6-1。

表 6-1 塔身风荷载计算结果

离地高度 /m	风压高度变化系数 μ_z	风荷载体型系数 μ_s	顺风向风振系数 β_z	基本风压 ω_0 /（kN/m²）	各节间风荷载 ω_k /（kN/m²）	各层风压力/kN
7	1	1.34	1.02	0.8	1.096	60.840
14	1.11	1.34	1.05	0.8	1.254	66.720
21	1.25	1.34	1.10	0.8	1.483	75.488
28	1.36	1.34	1.17	0.8	1.717	83.432
35	1.46	1.34	1.25	0.8	1.956	84.042
41	1.53	1.34	1.32	0.8	2.177	82.560
47	1.59	1.34	1.40	0.8	2.387	86.378
53	1.65	1.34	1.47	0.8	2.614	82.535
58	1.69	1.34	1.53	0.8	2.791	76.744
63	1.74	1.34	1.60	0.8	3.003	78.971
68	1.78	1.34	1.67	0.8	3.197	80.257
73	1.82	1.34	1.74	0.8	3.415	81.621
78	1.85	1.34	1.81	0.8	3.602	78.585
82.61	1.88	1.34	1.88	0.8	3.810	38.024

6.6.5 塔架内力分析与截面设计

经受力分析比较可知：当三肢柱塔架中两根肢柱受压、一根肢柱受拉时，则受拉肢柱的受力最大。因此，设计中主要计算该受力状况下的肢柱内力。

（1）水平风荷载作用下塔底的最大弯矩 将荷载和尺寸参数代入式（6-15），得

$$M = 1.4 \times 1483.8 \times (82.61 + 1.69) \text{kN} \cdot \text{m} + \cdots = 218645 \text{kN} \cdot \text{m}$$

塔架的抗倾覆力矩由三根柱肢反力对塔架底部三角形截面的形心距提供，而且塔架形心轴方向受力平衡，求解式（6-16）、式（6-17）组成的方程组，受拉肢柱的轴向拉力 F_t = 29183kN，受压肢柱的轴向压力 F_p = 16368kN。因为柱肢所受轴向拉力 F_t 大于轴向压力 F_p，所以用 F_t 确定柱肢的截面尺寸。

（2）柱肢设计 柱肢钢管采用 Q345E 钢，初步计算选用钢管 $\phi 850 \times 35$，其截面面积为

$A_s = 89614\text{mm}^2$。

1）长细比验算

$\lambda = \dfrac{L}{D} = \dfrac{7000}{850} = 8.2 < [\lambda] = 20$，满足设计要求。

2）截面受压承载力验算。根据《钢管混凝土结构技术规程》（CECS28：2012），按式（6-19）设计。

钢管横截面面积 $A_a = \dfrac{\pi}{4}(D^2 - d^2) = 89614\text{mm}^2$。

钢管内混凝土横截面面积 $A_c = \dfrac{\pi}{4}d^2 = 477836\text{mm}^2$。

钢材抗压强度设计值 $f_a = 300\text{MPa}$。

C50 混凝土的轴心抗压强度设计值 $f_c = 23.1\text{MPa}$。

故，钢管混凝土的套箍指标 $2.5 > \theta = \dfrac{A_a f_a}{A_c f_c} = 2.4 > [\theta] = 1$。

承载力设计值 $N_0 = 0.9 A_c f_c (1 + \theta + \sqrt{\theta})$

$\qquad = 0.9 \times 477836 \times 23.1 \times (1 + \sqrt{2.4} + 2.4)\text{kN} = 49166.3\text{kN}$

考虑长细比影响的承载力折减系数计算：

长细比 $\qquad\qquad\qquad L/D = 7000/850 = 8.2 > 4$

折减系数 $\qquad\qquad\qquad \varphi_1 = 1 - 0.115\sqrt{L_e/D - 4} = 0.76$

柱肢的承载力计算

$\qquad N_u = \varphi_1 \varphi_e N_0 = 0.76 \times 1 \times 49166.3\text{kN} = 37366.4\text{kN} > F_p = 16368\text{kN}$

基于以上计算，选择钢管混凝土柱肢的钢管截面为 $\phi 850 \times 35$。

6.6.6 腹杆内力计算及截面初选

采用简化空间桁架法来计算塔架腹杆的内力，C_1 取 3.464，C_2 取 3，腹杆内力结果见表 6-2。

表 6-2 腹杆内力计算结果

编号	V/kN	M/kN	H_i/m	D/m	$\cot\beta$	$\sin\alpha$	$\cos\alpha$	$\sin\beta_0$	S/kN
1	689	4155	0	5.00	0.024	—	—	0.999	—
2	755	13878	4.61	5.24	0.024	0.647	0.763	0.999	242
3	823	24755	5	5.52	0.024	0.732	0.682	0.999	263
4	891	35974	5	5.80	0.024	0.714	0.700	0.999	250
5	957	47530	5	6.07	0.024	0.697	0.717	0.999	239
6	1022	59418	5	6.35	0.024	0.681	0.733	0.999	230
7	1091	76627	5	6.63	0.024	0.665	0.747	0.999	211
8	1164	86697	6	6.96	0.024	0.714	0.700	0.999	238
9	1233	102200	6	7.30	0.024	0.697	0.717	0.999	230

（续）

编号	V/kN	M/kN	H_i/m	D/m	$\cot\beta$	$\sin\alpha$	$\cos\alpha$	$\sin\beta_0$	S/kN
10	1304	118120	6	7.63	0.024	0.680	0.733	0.999	225
11	1374	137187	7	8.01	0.024	0.719	0.695	0.999	234
12	1437	156745	7	8.39	0.024	0.702	0.712	0.999	224
13	1493	174702	7	8.78	0.024	0.685	0.728	0.999	217
14	1544	197140	7	9.16	0.024	0.670	0.743	0.999	202
15	1544	217892	7	9.54	0.024	0.654	0.756	0.999	174

注：H_i 表示塔架每一节段的高度，"—"表示无此值。

计算结果表明，腹杆最大内力为 263kN。根据腹杆内力计算腹杆截面尺寸时，考虑到腹杆的长细比较大导致的稳定性系数，取 0.8。腹杆材料选用 Q235 圆钢管，由式（6-21）得

$$A_w = \frac{N_w}{\varphi f} = \frac{263000}{0.8 \times 215} \text{mm}^2 = 1529 \text{mm}^2$$

腹杆钢管选用 $\phi 159 \times 5$，截面面积 $A_s = 2419\text{mm}^2$，截面回转变径 $i = 5.45\text{cm}$。验算长细比：

平腹杆

$$\lambda = \frac{L}{i} = \frac{793}{5.45} = 146 < [\lambda] = 150$$

斜腹杆

$$\lambda = \frac{L}{i} = \frac{535}{5.45} = 98 < [\lambda] = 150$$

根据所选截面确定其承载力：选用 $\phi 159 \times 5$ 腹杆，塔架底部腹杆的长细比 98，与其对应的稳定系数 $\varphi = 0.684$，所以腹杆的实际受压承载能力为

$$N = \varphi A f = 0.684 \times 2419 \times 215\text{kN} = 356\text{kN} > 263\text{kN}$$

初选截面可以保证设计强度及稳定性要求。

6.6.7　节点承载力验算

考虑到节点的性能及维护，选用相贯式节点。取焊脚尺寸 $h_f = 9\text{mm}$，腹杆轴线与肢柱轴线的夹角 θ_i 在 40°~47° 之间。肢柱外径 $d = 850\text{mm}$、腹杆外径 $d_i = 159\text{mm}$，$d_i/d = 0.19 < 0.65$，故

$$l_w = (3.25 d_i - 0.025 d) \left(\frac{0.534}{\sin\theta_i} + 0.466 \right) = 593 \sim 643\text{mm}$$

则垂直于节点焊缝长度方向的应力为

$$\sigma_f = \frac{N}{h_e l_w} = \frac{263000}{0.7 \times 9 \times 643} = 71\text{N/mm}^2 < 215\text{N/mm}^2$$

可见，格构式钢管混凝土塔架的节点焊缝强度满足设计要求，不会出现节点先于腹杆发生破坏的现象。

6.6.8　格构式钢管混凝土塔架与锥筒式塔架用钢量的比较

实例中锥筒式塔架的用钢量和本设计中格构式钢管混凝土塔架柱肢、腹杆总用钢量的比

较见表6-3，可见格构式钢管混凝土塔架的用钢量节约16%，说明格构式钢管混凝土塔架具有良好的经济性。

表6-3 两种塔架用钢量的比较

塔架类型	体积/m³	质量/t
锥筒式	27.668	217.2
格构式钢管混凝土	23.872	187.4

第7章　塔架的有限元分析方法

以某 3MW 风力发电机组为例，阐述了运用 ANSYS Workbench 软件进行有限元分析的方法，包括建立机组整体模型，风场模型，稳态流固耦合分析方法，瞬态流固耦合分析方法，结构的静、动态响应分析，模态分析方法，几何非线性屈曲分析方法等。

■ 7.1　风力发电机组模型建立

7.1.1　项目创建

进入 Project，界面如图 7-1 所示，双击左侧项目列表中 Geometry 模块，再右击窗口右侧的 ![2 Geometry] ，导入叶片及轮毂模型。其中，叶片模型在 Profili 软件中提取翼型数据，同轮毂一起在 Solidworks 中完成三维建模。进入图 7-2 所示的绘图界面。

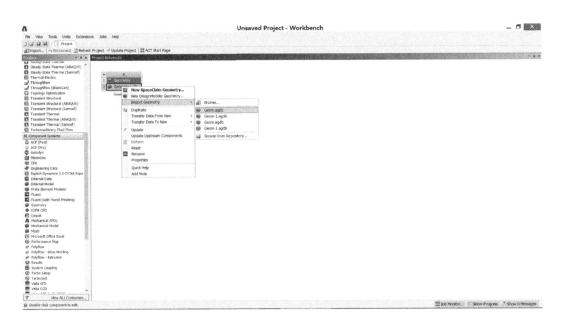

图 7-1　导入 Geometry 模型

图 7-2　风轮及轮毂模型

7.1.2　模型建立

（1）建立塔筒模型　建立等直径的塔筒段时，在图 7-3 所示的绘图界面中，依次选择 Create→Primitives→Cylinder 命令，在 Cylinder1 添加一个实心圆柱，再在 Cylinder2 设置一个削减圆柱，形成图 7-4 所示的空心圆筒。

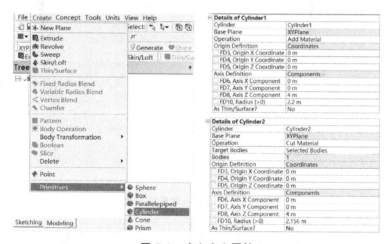

图 7-3　建立实心圆柱

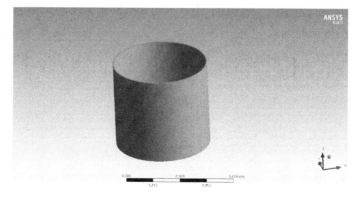

图 7-4　空心圆柱塔筒段示意

建立变直径的塔筒段时，在图 7-5 所示的绘图界面，选择 Create→Primitives→Cone 命令，在 Cone1 添加一个实心圆台，再在 Cone2 设置一个削减圆台，形成图 7-6 所示的空心圆台。

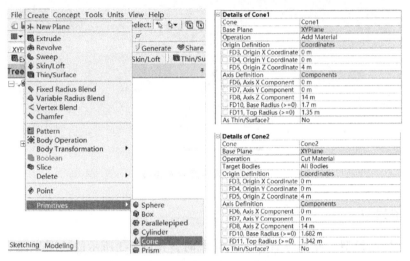

图 7-5　建立实心圆台

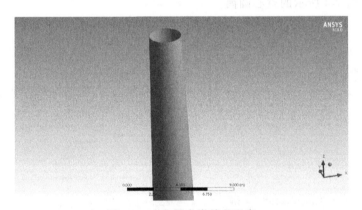

图 7-6　空心圆台塔筒段示意

（2）建立机舱模型　建立新坐标平面，在界面部分单击 ✈ 按钮，建立 Plane4 坐标系，如图 7-7 所示，选择 Type 为 FromCoordinates，Z 为 85m，单击 ⚡Generate 按钮完成。在新坐标系里，按图 7-8 所示命令 Create→Primitives→Box 建立机舱模型，如图 7-9 所示。

Details of Plane4	
Plane	Plane4
Sketches	0
Type	From Coordinates
FD11, Point X	0 m
FD12, Point Y	0 m
FD13, Point Z	85 m
FD14, Normal X	0
FD15, Normal Y	0
FD16, Normal Z	1
Transform 1 (RMB)	None
Reverse Normal/Z-Axis?	No
Flip XY-Axes?	No
Export Coordinate System?	No

图 7-7　建立 Plane4 坐标系

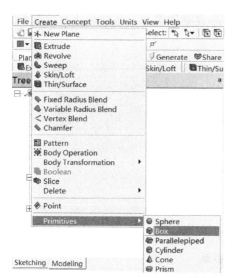

Details of Box1	
Box	Box1
Base Plane	Plane4
Operation	Add Material
Box Type	From One Point and Diagonal
Point 1 Definition	Coordinates
☐ FD3, Point 1 X Coordinate	-2 m
☐ FD4, Point 1 Y Coordinate	2.7 m
☐ FD5, Point 1 Z Coordinate	0 m
Diagonal Definition	Components
☐ FD6, Diagonal X Component	10.7 m
☐ FD7, Diagonal Y Component	-5.4 m
☐ FD8, Diagonal Z Component	5.2 m
As Thin/Surface?	No

图 7-8　建立机舱模型

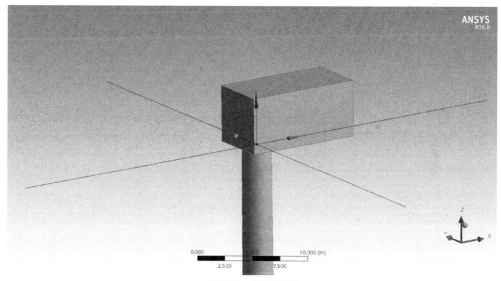

图 7-9　机舱模型

（3）建立主轴模型　旋转坐标系 Plane4，再用 Create→Primitives→Cylinder 画出圆柱，如图 7-10 所示。

Details of Plane5	
Plane	Plane5
Sketches	0
Type	From Plane
Base Plane	Plane4
Transform 1 (RMB)	Offset X
☐ FD1, Value 1	-2 m
Transform 2 (RMB)	Offset Z
☐ FD2, Value 2	2 m
Transform 3 (RMB)	Rotate about Y
☐ FD3, Value 3	-90 °
Transform 4 (RMB)	None
Reverse Normal/Z-Axis?	No
Flip XY-Axes?	No
Export Coordinate System?	No

图 7-10　建立主轴模型

将叶片及轮毂、塔筒、机舱、主轴依次组装，形成整体模型，各结构边界之间默认为绑定连接，不需要特别设置，如图 7-11 所示。

图 7-11　整体模型

■ 7.2　流场建立

进入 Project 界面，添加分析模块 Fluid Flow（CFX），导入几何模型，如图 7-12 所示。

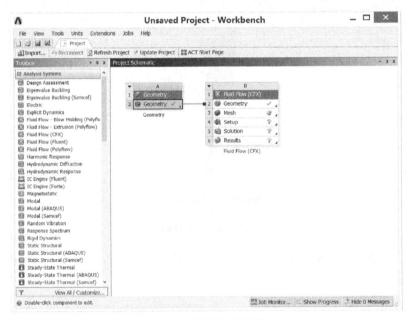

图 7-12　添加流体模块

7.2.1　旋转域流场建立

移动坐标系，在叶片处建立圆柱体流场区域，区域半径需超过叶片半径，且需考虑叶尖的气流影响，叶片半径 50m，设置区域半径 52m，建立草绘平面，如图 7-13 所示。

旋转域的厚度应将叶轮全部包括在内，且叶轮前后的气流会出现扰动，应至少扩大 1/2 个轮毂半径。拉伸草图，旋转域厚度设置为 7m，前端距叶轮旋转面设置为 4m，后端距叶轮旋转面设置为 3m；设置 Details of Extrude，Operation→Add Frozen，如图 7-14 所示。

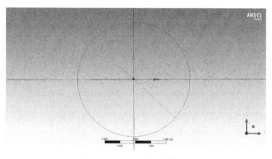

图 7-13　旋转域草图

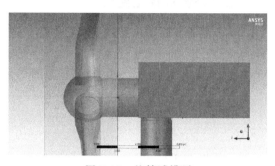

图 7-14　旋转域模型

将实体模型转换成流体几何模型。在图 7-15 所示的界面中选择几何模型，选择 Tools→Enclosure，在 Details View 窗口中修改参数，将 Shape 设置为 User Defined，将 User Defined Body 设置为已拉伸实体，从而形成图 7-16 所示的旋转域模型。

Details of Cylinder1	
Cylinder	Cylinder1
Base Plane	Plane54
Operation	Add Frozen
Origin Definition	Coordinates
FD3, Origin X Coordinate	0 m
FD4, Origin Y Coordinate	0 m
FD5, Origin Z Coordinate	0 m
Axis Definition	Components
FD6, Axis X Component	0 m
FD7, Axis Y Component	0 m
FD8, Axis Z Component	7 m
FD10, Radius (>0)	52 m
As Thin/Surface?	No

Details of Enclosure1	
Enclosure	Enclosure1
Shape	User Defined
User Defined Body	Selected
Target Bodies	Selected Bodies
Bodies	6
Merge Parts?	No
Export Enclosure	Yes

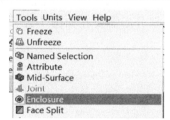

图 7-15　转换成流体几何

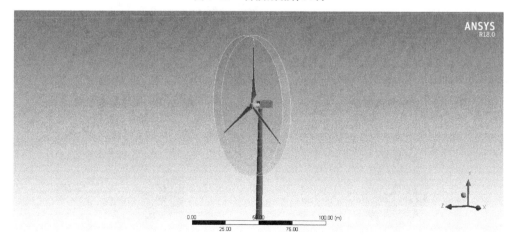

图 7-16　旋转域模型

7.2.2　外流场模型建立

基于在塔筒底坐标系建立草绘平面，通过拉伸建立 Box 模型，进风段尺寸至少为叶轮直径的 2 倍，下风向尺寸至少为 5 倍叶轮直径，横向长度至少为 3 倍叶轮直径。流场区域尺寸：高 200m，宽 300m，长 600m，如图 7-17 所示。

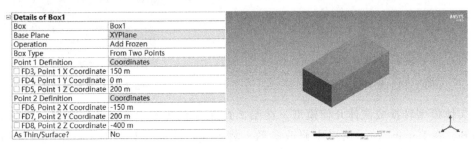

图 7-17　外流场模型

7.2.3　流场网格划分

采用自动网格划分，需要分别对旋转域流场、外流场进行网格划分，对叶片位置进行加密。网格划分步骤如下：双击 Fluid Flow（CFX）→Mesh 图标，进入 Meshing［ANSYS ICEM CFD］界面，在左侧 Outline 列表 Project→Model→Geometry 中选择叶片、机舱及塔筒等实体模型，右击选择 Suppress Body 抑制实体模型，如图 7-18 所示。再划分流体网格，选择 Project→Model→Mesh，设置 Details of Mesh 参数，如图 7-19 所示。单击 Generate Mesh，进行网格划分，划分后网格如图 7-20、图 7-21 所示。网格划分后需要在如图 7-22 所示的项目界面进行网格更新。

图 7-18　抑制实体模型

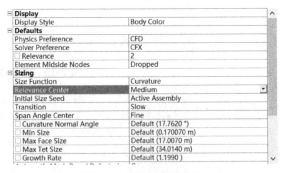

图 7-19　网格参数设置

图 7-20　旋转域网格

图 7-21　外流场网格

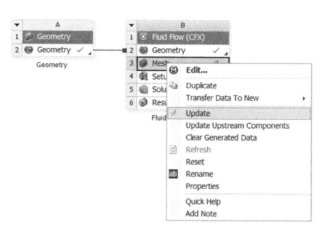

图 7-22　网格更新

■ 7.3　流场域边界条件

7.3.1　建立流体域

双击 Fluid Flow（CFX）→Setup 命令，进入 Fluid Flow（CFX）→CFX→Pre 界面，建立旋转域。在图 7-23 的左侧 Outline 列表中右击 Flow Analysis 1，选择 Insert→Domain 定义域。然后在图 7-24 中设置旋转域 Basic Settings 参数，Name 命名为 xuanzhuanyu。在 Basic Settings 选项卡中，Location 下拉列表框中选择 B195，Domain Motion Option 下拉列表框中选择 Rotating，Angular Velocity 文本框中输入 1.575。在图 7-25 中设置旋转域其他参数，在 Initialization 选项卡中，Frame Type 的下拉列表框中选择旋转轴。

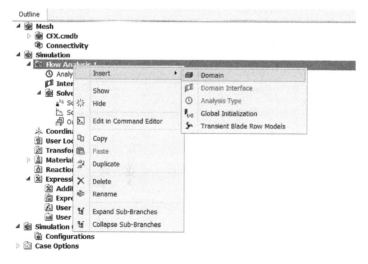

图 7-23　建立新流体域

图 7-24　旋转域 Basic 参数

外流场的建立：在左侧 Outline 列表中右击 Flow Analysis 1，选择 Insert→Domain，Name 命名为 wailiuchang。在 Basic Settings 选项卡中，在 Location 下拉列表框中选择 B196，在 Do-

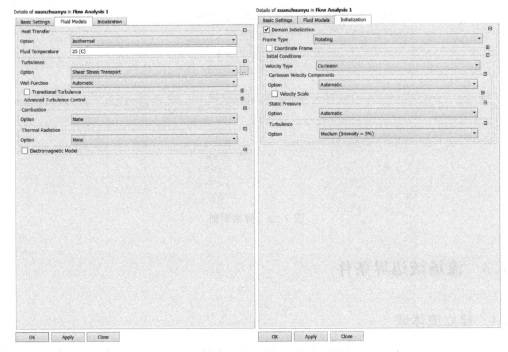

图 7-25　旋转域其他参数

main Motion Option 下拉列表中选择 Stationary；在 Fluid Models 选项卡中，在 Turbulence Option 下拉列表中选择 Shear Stress Transport，如图 7-26 所示。

图 7-26　外流域其他参数

7.3.2　设定边界条件

需要依次设置入口边界、出口边界、四周边界和塔筒边界。

1）入口边界。右击 wailiuchang，选择 Insert→Boundary，Name 命名为 jin。在 Basic Settings 选项卡中，在 Boundary Type 下拉列表中选择 Inlet，在 Location 下拉列表框中选择 F202.196，如图 7-27 所示；在 Boundary Details 选项卡中，Normal Speed 文本框中输入 10.5m/s，如图 7-28 所示。

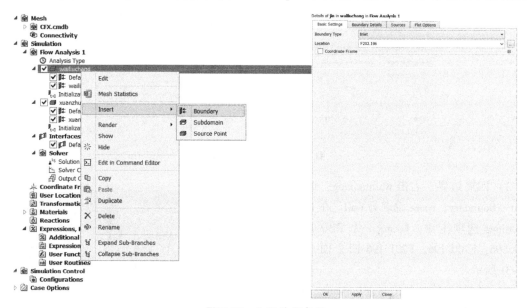

图 7-27　入口边界条件

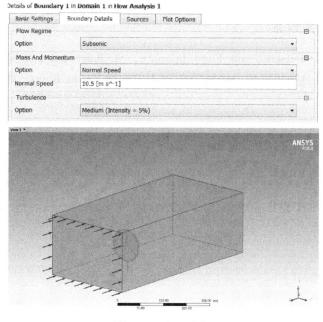

图 7-28　入口边界

2）出口边界。右击 wailiuchang，选择 Insert→Boundary，Name 命名为 chu。在 Basic Settings 选项卡中，Boundary Type 下拉列表框中选择 Outlet，Location 下列表框中选择 F198.196。在 Boundary Details 选项卡中，Mass And Momentum Option 下拉列表中选择 Static Pressure，Relative Pressure 文本框中输入 0Pa，如图 7-30 所示，从而形成图 7-30 所示的出口边界。

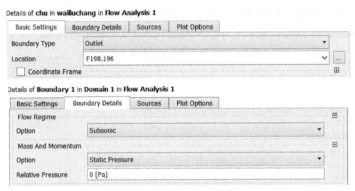

图 7-29　出口边界条件

3）四周边界。右击 wailiuchang，选择 Insert→Boundary，Name 命名为 wall。在 Basic Settings 选项卡中，Location 为 F197.196，F199.196，F200.196，F201.196 四个面，如图 7-31 所示。

4）塔筒边界。右击 wailiuchang，选择 Insert→Boundary，Name 命名为 wall。在 Basic Settings 选项卡中，Location 为塔筒边界，如图 7-32 所示。

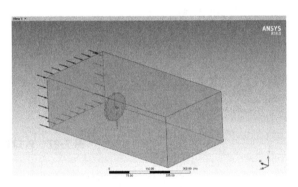

图 7-30　出口边界

7.3.3　流场接触面设置

双击 Interfaces→Default Fluid Fluid Interface，在 Basic Settings 选项卡中，在 Frame Change/Mixing Model 选项组下的 Option 下拉列表中选择 Frozen Rotor，如图 7-33 所示。

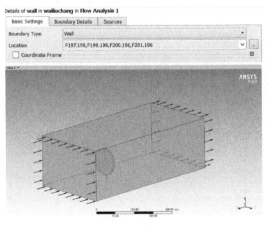

图 7-31　四周边界

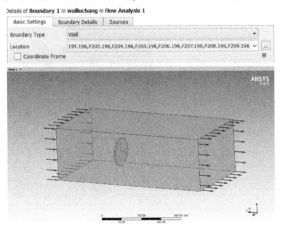

图 7-32　塔筒边界

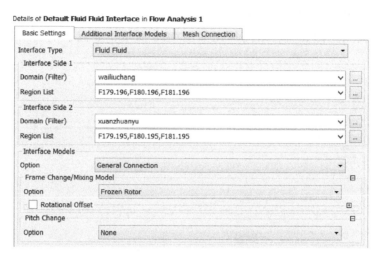

图 7-33　接触面设置

■ 7.4　流场求解及分析

7.4.1　求解设置

选择右侧 Outline→Simulation→Flow Analysis 1→Solver→Solver Control，填写 Basic Setting 中 Max. Iterations 为 1000，如图 7-34 所示。

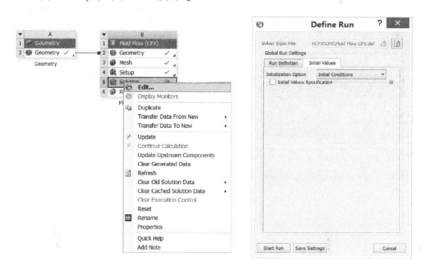

图 7-34　求解设置

在项目列表中双击 Solution 图标，进入 Fluid Flow（CFX）→CFX→Solver Manager 界面，单击 Start Run 按钮开始计算。

7.4.2　结果分析

双击项目列表中 Results 图标，进入 Fluid Flow→CFD→Post 界面，查看各个指标结果。

如图 7-35 可以查看旋转域剖面图设置，旋转域速度矢量图如图 7-36 所示。如图 7-37 可以查看叶片正面、背面风压图设置，塔筒风压如图 7-38 所示，外流场剖面风速云图如图 7-39所示。

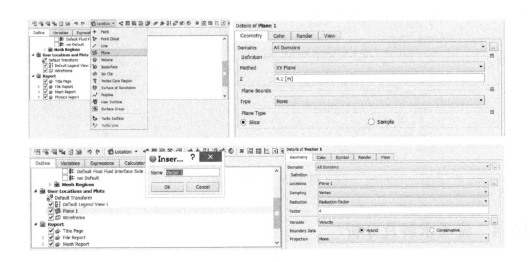

图 7-35　旋转域剖面图设置

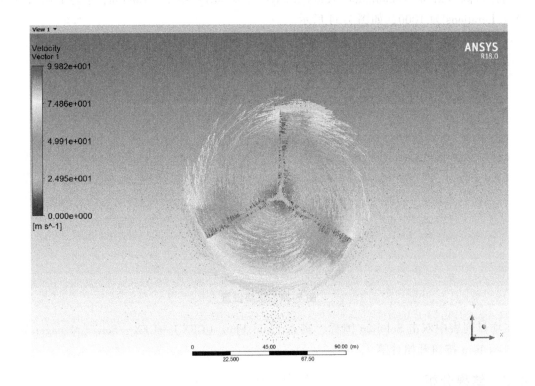

图 7-36　旋转域速度矢量图

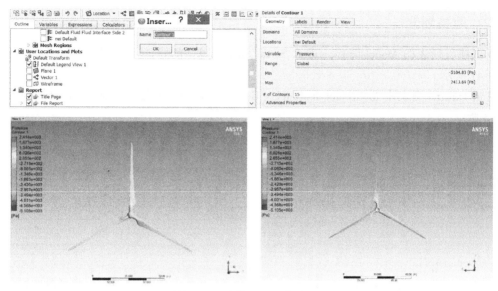

图 7-37　叶片正面、背面风压

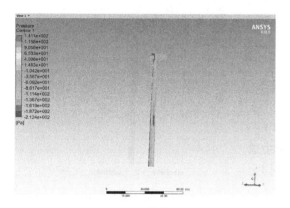

图 7-38　塔筒风压

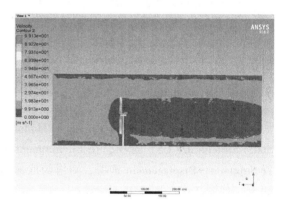

图 7-39　外流场剖面风速云图

■ 7.5　稳态流固耦合分析

7.5.1　材料信息

双击项目列表中 Engineering Data 图标，分别双击左侧 Toolbox，选择 Physical→Density 及 Linear Elastic→Isotropic Elasticity，将模型结构材料的密度设置为 7850kg/m³、弹性模量设置为 206GPa、泊松比设置为 0.3，如图 7-40 所示。

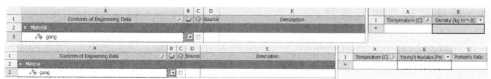

图 7-40　材料信息

7.5.2　网格划分

双击项目列表的 Model 图标，进入 Static Structural→Mechanical［ANSYS Multiphysics］，如图 7-41 所示。

右击 Outline 列表中的 Project→Model（C4）→Geometry 选项，抑制两个流场模型，如图 7-42 所示。

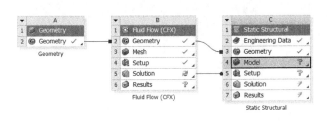

图 7-41　稳态分析项目列表

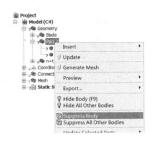

图 7-42　选择抑制流场模型

选择 Outline 列表中的 Project→Model（C4）→Mesh 选项，右击选择 Generate Mesh，进行网格自由划分，并对叶片部分适当加密，模型网格如图 7-43 所示。

7.5.3　施加约束

选择 Outline 列表中的 Project→Model（C4）→Static Structural（C5）选项，在 Environment 菜单中选择 Supports→Displacement 选项，对塔筒底面施加固定约束，如图 7-44、图 7-45 所示。

图 7-43　网格划分

Scope	
Scoping Method	Geometry Selection
Geometry	1 Face
Definition	
Type	Displacement
Define By	Components
Coordinate System	Global Coordinate System
☐ X Component	0. m (ramped)
☐ Y Component	0. m (ramped)
☐ Z Component	0. m (ramped)
Suppressed	No

图 7-44　约束参数

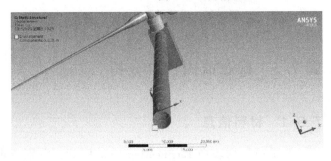

图 7-45　模型约束

7.5.4　流体荷载及材料信息

将 CFX 分析后的流体荷载添加到叶片及塔筒上。在 Outline 列表中按图 7-46 的步骤，单击 Project→Model（C4）→Static Structure（C5）→Imported Load（B2）→Insert→Pressure，在 Details 中选择 Geometry 和 CFD Surface，叶片及塔筒荷载如图 7-47 所示。

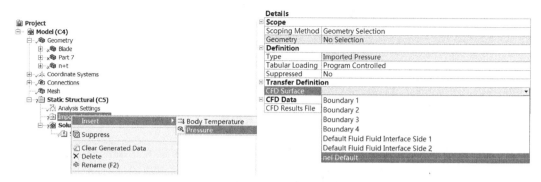

图 7-46 输入流体荷载

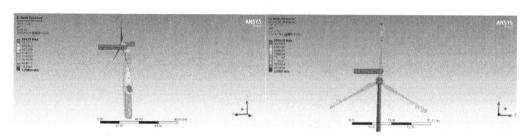

图 7-47 叶片及塔筒荷载

将材料信息添加到模型中。单击 Outline 列表 Project→Model（C4）→Geometry 中的结构，在 Details 中的 Assignment 选择已设置的材料，如图 7-48 所示。

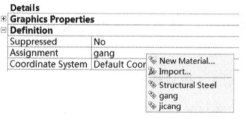

图 7-48 选择材料

7.5.5 稳态求解及结果

计算完成后，可以按图 7-49 所示的选择查看各个部件的应力及位移状态，如图 7-50、图 7-51 所示。

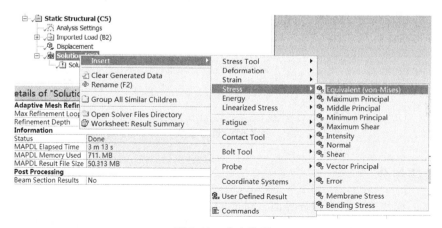

图 7-49 应力选项

图 7-50　塔筒及位移

图 7-51　叶片应力

7.6　瞬态流固耦合分析

7.6.1　模块连接

选择图 7-52 所示的 Fluid Flow（Fluent）模块、Transient Structural 模块、System Coupling 进行连接，导入完整的结构模型。材料选择与 7.5.1 节相同的参数。

图 7-52　选择模块

7.6.2　网格划分

双击 Mesh 模块进入网格划分界面，对面的类型进行分组命名。例如：选择入口面，右击后选择 Create Named Selections，命名为 inlet，如图 7-53 所示。以下提到的面操作相同，不再赘述。最后分成入口面 inlet、出口面 outlet、流场四周的壁面 wall4、塔筒交界面 zhijiaF-

SI、叶轮域交界内面 yelunjiaojiemian1、叶轮域交界外面 yelunjiaojiemian 以及叶轮接触面叶轮 FSI，如图 7-54 所示。然后自由划分网格，如图 7-55 所示。

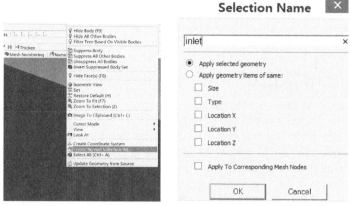

图 7-53　入流面定义

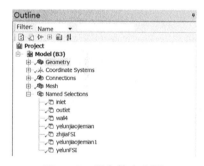

图 7-54　所有的定义面

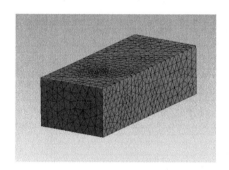

图 7-55　网格划分

7.6.3　边界条件设置

双击进入 Setup 模块，在左侧的 Tree 栏双击 General，在 Time 子栏中选择分析类型 Transient，如图 7-56 所示。

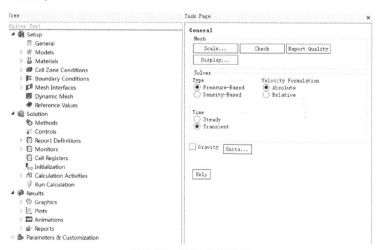

图 7-56　选择分析类型

分别双击 Cell Zone Conditions 下的 air 及 rot_air，在 air 中选择坐标系（一般为系统规定），在 rot_air 下选择坐标系，输入旋转速度 1.575，如图 7-57 所示。

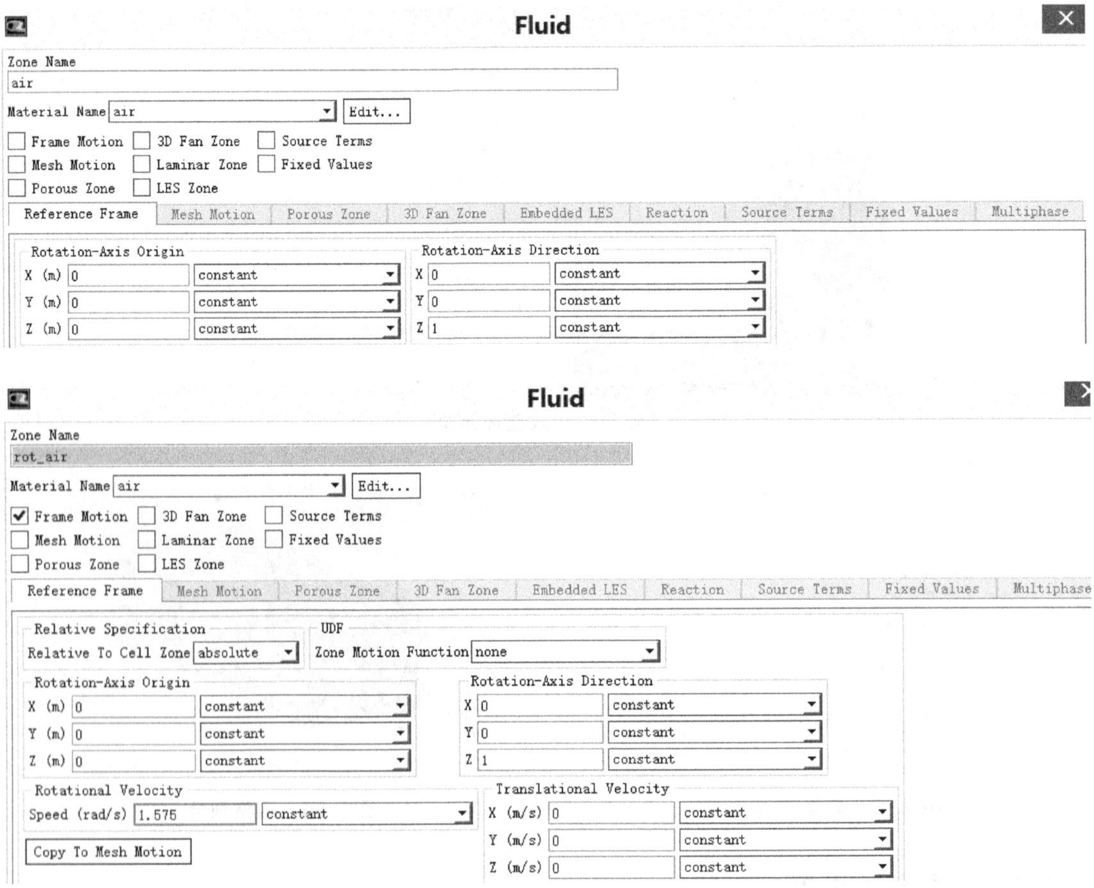

Fluid

Zone Name
air

Material Name | air | | Edit...

☐ Frame Motion   ☐ 3D Fan Zone   ☐ Source Terms
☐ Mesh Motion   ☐ Laminar Zone   ☐ Fixed Values
☐ Porous Zone   ☐ LES Zone

| Reference Frame | Mesh Motion | Porous Zone | 3D Fan Zone | Embedded LES | Reaction | Source Terms | Fixed Values | Multiphase |

Rotation-Axis Origin
X (m) | 0 | constant
Y (m) | 0 | constant
Z (m) | 0 | constant

Rotation-Axis Direction
X | 0 | constant
Y | 0 | constant
Z | 1 | constant

Fluid

Zone Name
rot_air

Material Name | air | | Edit...

☑ Frame Motion   ☐ 3D Fan Zone   ☐ Source Terms
☐ Mesh Motion   ☐ Laminar Zone   ☐ Fixed Values
☐ Porous Zone   ☐ LES Zone

| Reference Frame | Mesh Motion | Porous Zone | 3D Fan Zone | Embedded LES | Reaction | Source Terms | Fixed Values | Multiphase |

Relative Specification
Relative To Cell Zone | absolute

UDF
Zone Motion Function | none

Rotation-Axis Origin
X (m) | 0 | constant
Y (m) | 0 | constant
Z (m) | 0 | constant

Rotation-Axis Direction
X | 0 | constant
Y | 0 | constant
Z | 1 | constant

Rotational Velocity
Speed (rad/s) | 1.575 | constant

Translational Velocity
X (m/s) | 0 | constant
Y (m/s) | 0 | constant
Z (m/s) | 0 | constant

Copy To Mesh Motion

图 7-57　流场设置

双击 Boundary Conditions 下的 inlet，输入风速 10.5，如图 7-58 所示。

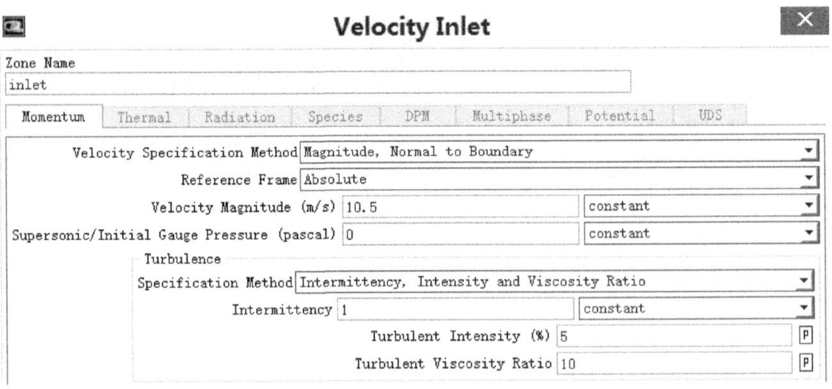

Velocity Inlet

Zone Name
inlet

| Momentum | Thermal | Radiation | Species | DPM | Multiphase | Potential | UDS |

Velocity Specification Method | Magnitude, Normal to Boundary
Reference Frame | Absolute
Velocity Magnitude (m/s) | 10.5 | constant
Supersonic/Initial Gauge Pressure (pascal) | 0 | constant
Turbulence
Specification Method | Intermittency, Intensity and Viscosity Ratio
Intermittency | 1 | constant
Turbulent Intensity (%) | 5 | P
Turbulent Viscosity Ratio | 10 | P

图 7-58　输入进口风速

再双击 outlet，将 Gauge Pressure 一栏设置为 0，如图 7-59 所示。

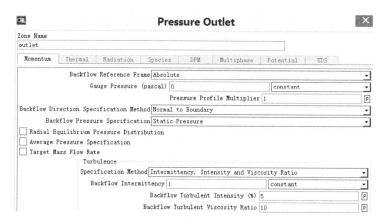

图 7-59 出口压力

7.6.4 求解设置

双击 Solution 下的 Method，在 Scheme 一栏中选择求解方法为 SIMPLE，如图 7-60 所示。

双击 Tree 下的 Initialization，选择 Hybrid Initialization，单击 Initialize，进行预先求解，如图 7-61 所示。

图 7-60 设置求解方法   **图 7-61 预先求解**

7.6.5 结构模块设置

双击 Transient Structural 中 Setup 模块进入设置界面，进行网格的自由划分，如图 7-62 所示。

选择 Environment 下的 Inertial，插入重力场 Standard Earth Gravity，如图 7-63 所示。

添加固定约束：单击 Environment 工具栏中的 Supports，选择 Fixed Support，在 Details 栏中选取塔筒底面为固定约束面，如图 7-64 所示。

图 7-62　网格划分

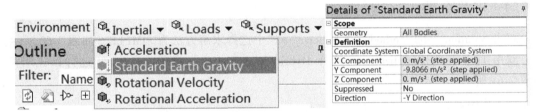

图 7-63　插入重力场

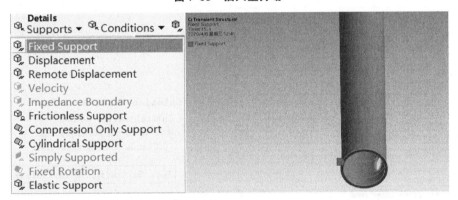

图 7-64　添加约束

右击 Transient，选择 Insert 中的 Fluid Solid Interface 添加塔筒、叶轮的流固耦合接触面，如图 7-65 所示。

单击 Transient 下的 Analysis Settings，设置瞬态分析步，分析步的长短直接关系到输出结果的规律性和准确性，在 0.1~0.2s 可以更好地捕捉到塔架结构的动态响应。设置 Step End Time 为 15s，Time Step 为 0.2s，如图 7-66 所示。

7.6.6　设置系统耦合器

双击 System Coupling 模块下的 Setup，进入系统耦合器界面，单击 Analysis Settings，设置 End Time 为 15s，Step Size 为 0.2s，Maximum Iterations 为 20，Minimun Iterations 为 1，如图 7-67 所示。

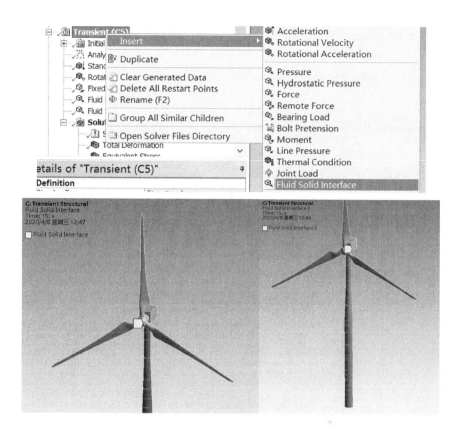

图 7-65　添加流固耦合接触面

Restart Analysis	
Restart Type	Program Controlled
Status	Done
Step Controls	
Number Of Steps	1.
Current Step Number	1.
Step End Time	15. s
Auto Time Stepping	Off
Define By	Time
Time Step	0.2 s
Time Integration	On
Solver Controls	
Solver Type	Program Controlled
Weak Springs	Off
Large Deflection	On

图 7-66　设置分析步

Properties of Analysis Settings

	A	B
1	Property	Value
2	Analysis Type	Transient
3	Initialization Controls	
4	Coupling Initialization	Program Controlled
5	Duration Controls	
6	Duration Defined By	End Time
7	End Time [s]	15
8	Step Controls	
9	Step Size [s]	0.2
10	Minimum Iterations	1
11	Maximum Iterations	20

图 7-67　设置系统分析步

右击 Data Transfers，单击 Create Data Transfer，设置塔筒、叶轮的数据传递，选择 yelunfsi 与 Fluid Solid Interface 传递，zhijiafsi 与 Fluid Solid Interface 2 传递，如图 7-68 所示。

单击 Execution Control 下的 Co-Sim. Sequence，Fluid Flow 栏为 1，Transient Structural 栏为 2，保证数据先从流体模块传递向结构模块，如图 7-69 所示。

单击左上角 Update 按钮进行计算，计算结果在 Transient Structural 模块中查看，最大位移时间曲线如图 7-70 所示。

	A	B	
1	Property	Value	
3	Participant	Fluid Flow (Fluent)	▾
4	Region	yelunfsi	▾
5	Variable	force	▾
6	⊟ Target		
7	Participant	Transient Structural	▾
8	Region	Fluid Solid Interface	▾
9	Variable	Force	▾
10	⊟ Data Transfer Control		

Properties of DataTransfer : Data Transfer 2

	A	B	
1	Property	Value	
3	Participant	Fluid Flow (Fluent)	▾
4	Region	zhijiafsi	▾
5	Variable	force	▾
6	⊟ Target		
7	Participant	Transient Structural	▾
8	Region	Fluid Solid Interface 2	▾
9	Variable	Force	▾
10	⊟ Data Transfer Control		

图 7-68　设置数据传递

21	⊟ 目 Execution Control
22	目 Co-Sim. Sequence
23	目 Debug Output
24	目 Expert Settings
25	目 Intermediate Restart Data Output
26	⊟ Solution
27	⊟ 目 Solution Information
28	目 System Coupling

Properties of Solution Control

	A	B
1	Participant	Sequence
2	Transient Structural	2
3	Fluid Flow (Fluent)	1

图 7-69　数据传递方向

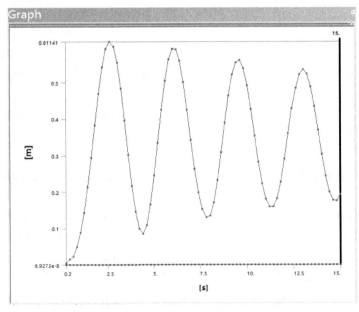

图 7-70　位移-时间曲线

■ 7.7 模态分析

7.7.1 模型信息

选择 Model 模块，如图 7-71 所示。导入风机几何模型，添加材料信息（与上节模型一致）。

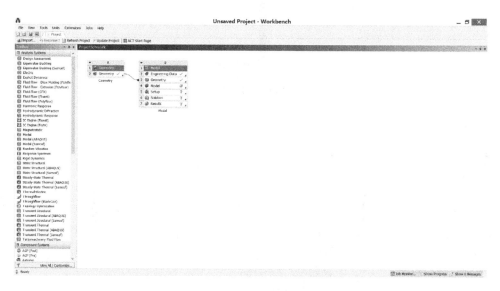

图 7-71 添加模态模块

7.7.2 划分网格

抑制流体模型，并对网格进行划分，如图 7-72 所示。形成图 7-73 所示的网格模型。

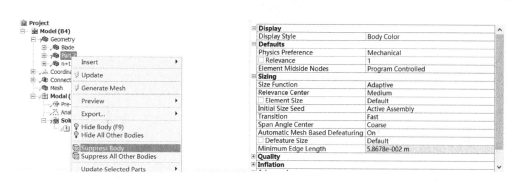

图 7-72 抑制模型及网格参数

7.7.3 施加约束

按图 7-74 所示的选择，给塔筒底施加固定约束。

图 7-73　网格模型

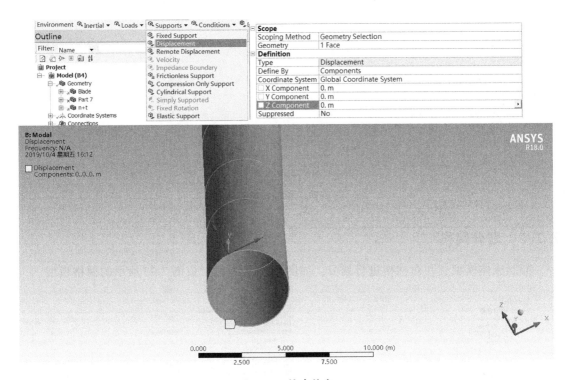

图 7-74　约束信息

7.7.4　求解参数设置

单击 Analysis Settings，在 Details of "Analysis Settings" 中选择分析模态阶数，一般要选择 6 阶，如图 7-75 所示。完成设置后，单击 Solve 计算模型。

7.7.5　模态求解及结果

单击 Solution，在 Graph 栏中右击选择 Select All，可以看到前六阶频率，如图 7-76所示。

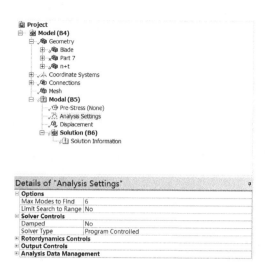

图 7-75　求解参数

图 7-76　固有频率

按图 7-77 选择查看选项，可以查看前六阶振型图，如图 7-78 所示。

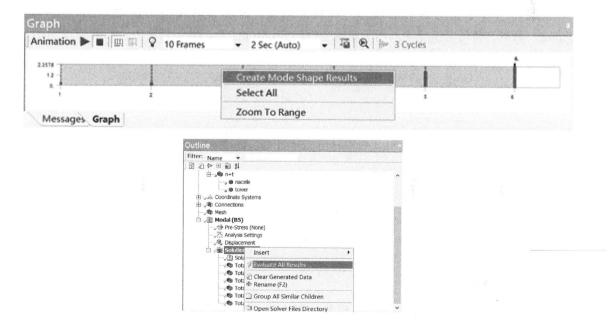

图 7-77　查看结果

图 7-78　六阶振型

■ 7.8　几何非线性屈曲分析

7.8.1　模型信息

通过 7.1.2 节建立的塔筒模型，材料的密度、弹性模量和泊松比即 7.5.1 节中的"gang"材料。将塔筒模型导入用于屈曲分析的 Eigenvalue Buckling 模块中，如图 7-79 所示。

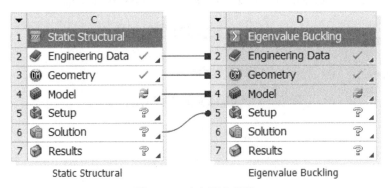

图 7-79　建立屈曲模块

7.8.2　网格划分

双击 Static Structural 中的 Model 模块，进入项目界面。右击 Project 中的 Mesh，单击 Generate Mesh 进行网格划分，如图 7-80 所示。划分后的网格如图 7-81 所示。

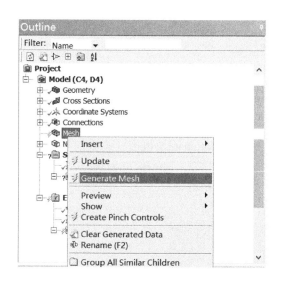

图 7-80　网格划分

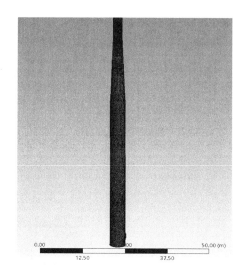

图 7-81　网格模型

7.8.3　施加约束及荷载

单击 Environment 工具栏中的 Support，选择 Fixed Support，在 Details of "Fixed Support" 栏中选取塔筒底面为固定约束面，如图 7-82 所示。

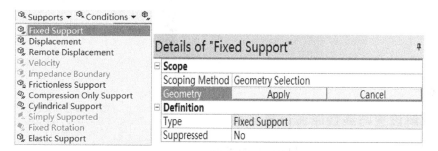

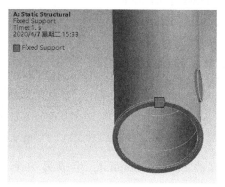

图 7-82　底面约束

单击 Environment 工具栏中的 Loads，选择 Force，在 Details of "Force" 栏中选取塔筒顶面为受力面，施加竖直向下的轴向力 1N，如图 7-83 所示。

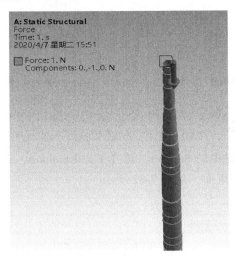

图 7-83　施加荷载

7.8.4　求解设置与线性屈曲计算结果

在 Outline 栏 Eigenvalue Buckling 下的 Solution 选择求解的屈曲模态阶数 2，以及 Solution 工具栏中的 Deformation 和 Stress，如图 7-84 所示。

单击 Solve 进行计算，得到塔筒的屈曲分析结果，屈曲荷载为 $8.264 \times 10^7 \mathrm{N}$，屈曲模态如图 7-85 所示。

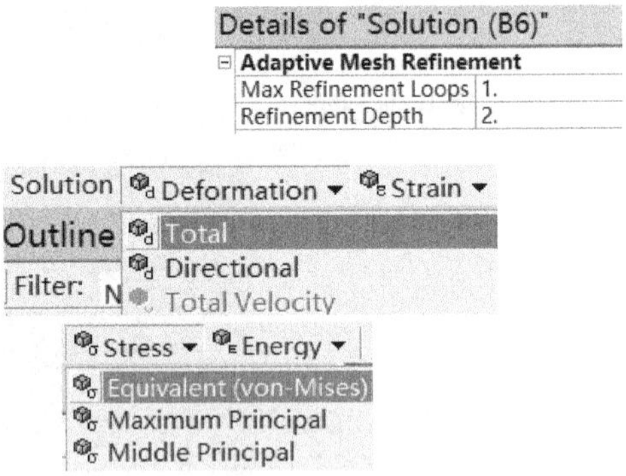

7.8.5　非线性屈曲分析

图 7-84　求解设置

单击 Duplicate，复制已计算的 Static Structural，生成另一个 Static Structural 模块，如图 7-86 所示。

进入 Model 模块，在 Environment 工具栏中单击插入 Commands（APDL），再单击 Commands（APDL）编辑，插入初始扰动的命令流，如图 7-87 所示。求解后的位移曲线如图 7-88 所示。

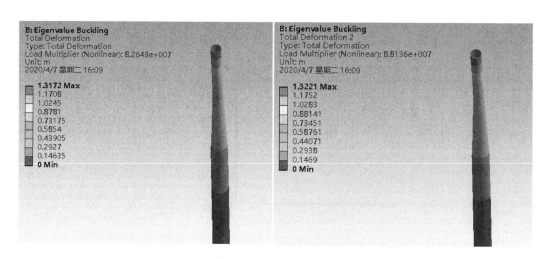

图 7-85 一阶及二阶屈曲模态

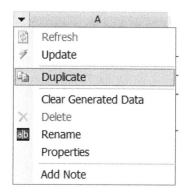

Copy of Static Structural

图 7-86 生成新的结构模块

Environment Inertial ▼   Loads ▼   Supports ▼   Conditions ▼   Direct FE ▼

Commands

```
!    Commands inserted into this file will be executed just prior to the ANSYS SOLVE command.
!    These commands may supersede command settings set by Workbench.

!    Active UNIT system in Workbench when this object was created:  Metric (m, kg, N, s, V, A)
!    NOTE:  Any data that requires units (such as mass) is assumed to be in the consistent solver unit system.
!           See Solving Units in the help system for more information.


/prep7
!for perturbation: either,
!upgeom: update geometry with a scaled
!buckled mode shape to start buckling

upgeom,0.0001,1,1,'C:\Users\asus123\Desktop\QUQU3_files\dp0\SYS-1\MECH,rst

fini

/solu
```

图 7-87 插入命令流

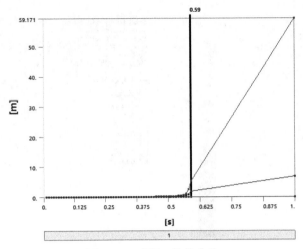

图 7-88   时间—位移曲线

第8章　塔架基础设计

在我国，风力发电机组基础设计总体上经历了三个阶段。第一阶段为 2003 年以前，单机容量小，风电机组基础主要由国内业主或厂商委托勘测设计单位完成，设计的主要依据为建筑类的地基规范。第二阶段为 2003—2007 年，属于引进和消化阶段。国外 MW 级风力发电机组开始大规模进入中国，大部分基础设计都是国内设计院按照厂商提出的参考图，根据风电场地质勘探资料和国内建筑材料的具体情况进行设计调整，最后由国外厂商复核确认。2007 年以后为第三阶段，属于 MW 机组基础的自主设计阶段。我国于 2007 年 9 月颁布了《风电机组地基基础设计规定》（FD003—2007），并同期推出了配套的设计软件。

《风电机组地基基础设计规定》（FD003—2007）中对方形扩展基础、方形承台桩基础和岩石锚杆基础的设计要求做出了规定。此外常用的还有圆形、八边形扩展基础以及圆形、八边形承台桩基础。应根据建设场地地基条件和风电机组上部结构对基础的要求选用，必要时需进行试算或技术经济比较。当地基土为软弱土层或高压缩性土层时，宜优先采用桩基础。对塔架基础而言，圆形扩展基础与方形扩展基础的混凝土工程量十分接近，所以主要阐述应用较多的方形扩展基础的设计。

■ 8.1　风力发电机组基础的设计内容与要求

1. 风力发电机组基础的设计级别

根据风力发电机组的单机容量、轮毂高度和地基复杂程度，地基基础分为三个设计级别，设计时应根据具体情况，按表 8-1 选用。

表 8-1　地基基础设计级别

设计级别	单机容量、轮毂高度和地基类型
1	单机容量大于 1.5MW 轮毂高度大于 80m 复杂地质条件或软土地基
2	介于 1 级、3 级之间的地基基础
3	单机容量小于 0.75MW 轮毂高度小于 60m 地质条件简单的岩土地基

注：1. 地基基础设计级别按表中指标划分分属不同级别时，按最高级别确定。

　　2. 对 1 级地基基础，地基条件较好时，经论证基础设计级别可降低一级。

风力发电机组地基基础设计应符合下列规定：

1）所有风力发电机组地基基础均应满足承载力、变形和稳定性的要求。

2）1级、2级风力发电机组地基基础均应进行地基变形计算。

3）3级风力发电机组地基基础，一般可不做变形验算，但有下列情况之一时，仍应验算：①地基承载力特征值小于130kPa或压缩模量小于8MPa；②软土等特殊性的岩土。

2. 基础的埋深

基础的埋深对机组的安全运行、施工进度和工程造价等均有很大的影响，设计时应按下列因素确定基础埋置深度：

1）基础的形式。

2）作用在基础上的荷载大小和性质。

3）地层结构和地下水埋深。

4）地基土冻胀和融陷的影响。

5）基础的埋置深度应满足地基承载力、变形和稳定性要求。

3. 风力发电机组地基基础设计内容

设计时应进行下列计算和验算：

1）地基承载力计算。

2）地基受力层范围内有软弱下卧层时应验算其承载力。

3）基础的抗滑稳定、抗倾覆稳定等计算。

4）基础沉降和倾斜变形计算。

5）基础的裂缝宽度验算，必要时对地基基础的动态刚度进行验算。

6）基础（桩）内力、配筋和材料强度验算。

7）有关基础安全的其他计算，如基础动态刚度和抗浮稳定等。

8）采用桩基础时，其计算和验算除应符合FD003—2007外，还应符合现行GB 50010和JGJ 94等的规定。

9）抗震设防烈度为9度及以上，或参考风速超过50m/s（相当于50年一遇极端风速超过70m/s）的风力发电场，其地基基础设计应进行专门研究。

■ 8.2 基础设计荷载

1. 基础荷载

根据《建筑工程抗震设防分类标准》（GB 50223—2008）的有关规定，风力发电机组地基基础的抗震设防分类定为丙类，应能抵御对应于基本烈度的地震作用，抗震设防的地震动参数按《中国地震动参数区划图》（GB 18306—2015）确定。

作用在风力发电机组地基基础上的荷载按随时间的变异可分为三类：

1）永久荷载。如上部结构传来的竖向力 F_{zk}、基础自重 G_1、回填土重 G_2 等。

2）可变荷载。如上部结构传来的水平力 F_{xk} 和 F_{yk}、水平力矩 M_{xk} 和 M_{yk}、扭矩 M_{zk}、多遇地震作用 F_{e1} 等。当基础处于潮水位以下时应考虑浪压力对基础的作用。

3）偶然荷载。如罕遇地震作用 F_{e2} 等。

上部结构传至塔筒底部与基础环交界面的荷载效应宜用荷载标准值表示，为正常运行荷载、极端荷载和疲劳荷载三类。正常运行荷载为风力发电机组正常运行时的最不利荷载效应；极端荷载为 GB 18451.1—2012 中除运输安装外的其他设计荷载状况（DLC）中的最不利荷载效应；疲劳荷载为 GB 18451.1—2012 中需进行疲劳分析的所有设计荷载状况（DLC）中对疲劳最不利的荷载效应。对于有地震设防要求的地区，上部结构传至塔筒底部与基础环交界面的荷载还应包括风力发电机组正常运行时分别遭遇该地区多遇地震作用和罕遇地震作用的地震惯性力荷载。

地基基础设计时应将同一工况两个水平方向的力和力矩分别合成为水平合力 F_{rk}、水平合力矩 M_{rk}，并按单向偏心计算。

2. 荷载工况与荷载效应组合

地基基础设计的荷载应根据极端荷载工况、正常运行荷载工况、多遇地震工况、罕遇地震工况和疲劳强度验算工况等进行设计。极端荷载工况为上部结构传来的极端荷载效应加上基础承受的其他有关荷载；正常运行荷载工况为上部结构传来的正常运行荷载效应加上基础承受的其他有关荷载；多遇地震工况为上部结构传来的正常运行荷载效应叠加多遇地震作用和基础承受的其他有关荷载；罕遇地震工况为上部结构传来的正常运行荷载效应叠加罕遇地震作用和基础承受的其他有关荷载；疲劳强度验算工况为上部结构传来的疲劳荷载效应加上基础承受的其他有关荷载。

在进行承载能力极限状态计算时，应采用荷载效应基本组合：

1）计算基础（桩）内力、确定配筋和验算材料强度时，荷载效应应采用基本组合，上部结构传至塔筒底部与基础环交界面的荷载设计值由荷载标准值乘以相应的荷载分项系数。

2）基础抗倾覆和抗滑稳定的荷载效应应采用基本组合，但其分项系数均为 1.0，且上部结构传至塔筒底部与基础环交界面的荷载标准值应采用经荷载修正安全系数（$k_0 = 1.35$）修正后的荷载修正标准值。

在进行正常使用极限状态计算时，应采用荷载效应标准组合：

1）按地基承载力确定扩展基础底面积及埋深或按单桩承载力确定桩基础桩数时，荷载效应应采用标准组合，且上部结构传至塔筒底部与基础环交界面的荷载标准值应采用经荷载修正安全系数（$k_0 = 1.35$）修正后的荷载修正标准值。扩展基础的地基承载力采用特征值，且可按基础有效埋深和基础实际受压区域宽度进行修正。桩基础单桩承载力采用特征值，并按现行 JGJ 94 确定。

2）验算地基变形、基础裂缝宽度和基础疲劳强度时，荷载效应应采用标准组合，上部结构传至塔筒底部与基础环交界面的荷载直接采用荷载标准值。

另外，多遇地震工况地基承载力验算时，荷载效应应采用标准组合；截面抗震验算时，荷载效应应采用基本组合。罕遇地震工况下，抗滑稳定和抗倾覆稳定验算的荷载效应应采用偶然组合。

地基基础设计内容、荷载效应组合、荷载工况和主要荷载的选取，可按表 8-2 采用。

3. 分项系数

荷载分项系数可按表 8-3 选用。

1）基础结构安全等级为一级、二级的结构重要性系数分别为 1.1 和 1.0。

2）对于基本组合，荷载效应对结构不利时，永久荷载分项系数为 1.3，可变荷载分项系数不小于 1.5；荷载效应对结构有利时，永久荷载分项系数为 1.0，可变荷载分项系数为

0。疲劳荷载和偶然荷载分项系数为 1.0。地震作用分项系数按现行 GB 50011 的规定选取。

3）对于标准组合和偶然组合，荷载分项系数均为 1.0。

材料分项系数：承载力抗震调整系数等未规定的其他材料性能分项系数按所引用的规范采用。验算裂缝宽度时，混凝土抗拉强度和钢筋弹性模量等材料特性指标应采用标准值。

表 8-2　地基基础设计内容、荷载效应组合、荷载工况和主要荷载

设计内容	荷载效应组合	荷载工况					主要荷载							
		正常运行荷载工况	极端荷载工况	疲劳强度验算工况	多遇地震工况	罕遇地震工况	F_{rk}	M_{rk}	F_{zk}	M_{zk}	G_1	G_2	F_{e1}	F_{e2}
扩展基础地基承载力复核	标准组合	√	√		＊＊		√	√	√		√	√	＊	
桩基础基桩承载力复核	标准组合	√	√		＊＊		√	√	√		√	√	＊	
截面抗弯验算	基本组合	√	√		＊＊		√	√	√		√	√	＊	
截面抗剪验算	基本组合	√	√		＊＊								＊	
截面抗冲切验算	基本组合	√	√		＊＊									
抗滑稳定分析	基本组合	√	√		＊＊		√	√	√	√	√	√	＊	
抗倾覆稳定分析	基本组合	√	√		＊＊		√	√	√		√	√	＊	
裂缝宽度验算	标准组合	√	√		＊＊		√	√	√		√	√	＊	
变形验算	标准组合	√	√		＊＊		√	√	√		√	√	＊	
疲劳强度验算	标准组合			√			√	√			√	√		
抗滑稳定验算（罕遇地震）	偶然组合					√	√	√			√	√		√
抗倾覆稳定验算（罕遇地震）	偶然组合					√	√	√			√	√		√

注：＊表示多遇地震工况需考虑多遇地震作用；＊＊表示仅当多遇地震工况为基础设计的控制荷载工况时才进行该项验算。

表 8-3　主要荷载的分项系数

设计内容	主要荷载							
	F_{rk}	M_{rk}	F_{zk}	M_{zk}	G_1	G_2	F_{e1}	F_{e2}
天然地基承载力复核	1.0	1.0	1.0		1.0	1.0	1.0	
基桩承载力复核	1.0	1.0	1.0		1.0	1.0	1.0	
截面抗弯验算	1.5	1.5	1.3/1.0		1.3/1.0	1.3/1.0	$F_H:1.3$ $F_V:0.5$	
截面抗剪验算	1.5	1.5	1.3				$F_H:1.3$ $F_V:0.5$	

（续）

设计内容	主要荷载							
	F_{rk}	M_{rk}	F_{zk}	M_{zk}	G_1	G_2	F_{e1}	F_{e2}
截面抗冲切验算	1.5	1.5	1.3				F_H:1.3 F_V:0.5	
抗滑稳定分析	1.0	1.0	1.0	1.0	1.0	1.0	1.0	
抗倾覆稳定分析	1.0	1.0	1.0		1.0	1.0	1.0	
裂缝宽度验算	1.0	1.0	1.0		1.0	1.0	1.0	
变形验算	1.0	1.0	1.0		1.0	1.0	1.0	
疲劳强度验算	1.0	1.0	1.0		1.0	1.0		
抗滑稳定验算（罕遇地震）	1.0	1.0	1.0	1.0	1.0	1.0		1.0
抗倾覆稳定验算（罕遇地震）	1.0	1.0	1.0		1.0	1.0		1.0

注：1. "/" 分隔的系数对应于"荷载效应对结构不利/荷载效应对结构有利"；

2. F_H 为水平方向惯性力；F_V 为竖向惯性力。

■ 8.3 扩展基础设计

8.3.1 扩展基础的设计步骤

扩展基础设计步骤可分为三大步：

1）根据风力发电机组单机容量、轮毂高度、扫掠面积、风速、荷载大小和地基情况，参考类似经验，初步拟定基础埋深、底板尺寸和高度等。《风电机组地基基础设计规定》在一般构造要求中也提出了相应的要求。

2）根据《风电机组地基基础设计规定》和风力发电机组承受的荷载等相关资料，分别计算基础基底反力、基础沉降和倾斜率、基础整体稳定性、基底脱开面积等，分别复核地基承载力是否满足要求，沉降和倾斜率是否满足规范和厂商要求，整体稳定性和基底脱开面积比是否满足规范要求。如果4个条件同时满足要求，则说明拟定的基础底板尺寸合适，可进行下一步计算；如果4个条件不能同时满足要求，则需回到第一步，调整基础外形尺寸。

3）初选钢筋直径，进行截面抗弯计算，抗剪、抗冲切和疲劳强度验算，如果同时满足要求，则底板高度的拟定合适，否则需回到第一步，调整包括底板高度在内的外形尺寸，直至满足第2）步和第3）步的要求。

外形尺寸确定后，根据裂缝宽度验算结果、构造要求等确定配筋布置；如果设有台柱，还需对台柱进行配筋计算和强度验算；对穿越法兰筒和基础环底部的局部配筋进行验算。然后计算基础的混凝土用量和钢筋用量。

8.3.2 地基承载力计算

1. 地基承载力特征值

岩石地基承载力特征值不进行深宽修正。对土质地基来说，当扩展基础宽度大于3m或埋置深度大于 0.5m 时，需要对特征值进行修正。可由荷载试验或其他原位测试、经验值等方法确定地基承载力特征值，也可按下式修正

$$f_a = f_{ak} + \eta_b \gamma_s (b_s - 3) + \eta_d \gamma_m (h_m - 0.5) \tag{8-1}$$

式中　f_a——修正后土体的地基承载力特征值；

　　　f_{ak}——地基承载力特征值，可由荷载试验或其他原位测试、公式计算及结合实践经验等方法综合确定；

　η_b、η_d——扩展基础宽度和埋深的地基承载力修正系数，按表 8-4 确定；

　　　γ_s——扩展基础底面以下土的重度，地下水位以下取浮重度；

　　　b_s——扩展基础底面力矩作用方向受压宽度（m），当底面受压宽度大于 6m 时按 6m 取值；

　　　γ_m——扩展基础底面以上土的加权平均重度，地下水位以下取浮重度；

　　　h_m——扩展基础埋置深度（m）。

表 8-4　承载力修正系数

土的类型		η_b	η_d
淤泥和淤泥质土		0	1.0
人工填土、孔隙比 e 或液性指数 I_L 不小于 0.85 的黏性土		0	1.0
红黏土	含水比 $\alpha_\omega > 0.8$	0	1.2
	含水比 $\alpha_\omega \leqslant 0.8$	0.15	1.4
大面积压实填土	压实系数大于 0.95、黏粒含量 $\rho_c \geqslant 10\%$ 的粉土	0	1.5
	最大干密度大于 21kN/m³ 的级配砂石	0	2.0
粉土	黏粒含量 $\rho_c \geqslant 10\%$ 的粉土	0.3	1.5
	黏粒含量 $\rho_c < 10\%$ 的粉土	0.5	2.0
孔空隙比 e 或液性指数 I_L 均小于 0.85 的黏性土		0.3	1.6
粉砂、细砂（不包括很湿与饱和时的稍密状态）		2.0	3.0
中砂、粗砂、砾砂和碎石土		3.0	4.4

注：1. 全风化岩石可参照风化成的相应土类取值，其他状态下的岩石不修正；

　　2. 地基承载力特征值按深层平板荷载试验确定时，η_d 取 0，深层平板荷载试验按现行 GB 50007 的规定执行。

在一般地基土和荷载条件下，采用上述方法确定地基承载力特征值，不仅能保证地基强度，也易于控制地基沉降量。

2. 地基土压力计算

地基土压力是指基础传递给地基持力层顶面处的压力。地基压力是分布力，取决于地基与底板的刚度、荷载大小、基础埋深和土的性质等多种因素。塔架基础底板，无论是刚性底板还是柔性的，其刚度均大大超过地基土的刚度，实际工程中一般把基础看作绝对刚体，地基压力分布简化为线性进行计算。

1）当扩展基础承受轴心荷载和（或）在核心区内（$e \leqslant b/6$）承受偏心荷载，基底面未脱开地基时（图 8-1），扩展基础底面的压力可按式（8-2）~式（8-5）计算。

矩（方）形扩展基础承受轴心荷载时

$$p_k = \frac{N_k + G_k}{A} \tag{8-2}$$

式中　p_k——荷载效应标准组合下，扩展基础底面处平均压力；

　　　N_k——荷载效应标准组合下，上部结构传至扩展基础顶面竖向力修正标准值，$N_k = k_0 F_{zk}$；

　　　k_0——考虑风力发电机组荷载不确定性和荷载模型偏差等因素的荷载修正安全系数，取 1.35；

　　　G_k——荷载效应标准组合下，扩展基础自重和扩展基础上覆土重标准值；

　　　A——扩展基础底面积，$A = bl$，b、l 为基底面宽度、长度。

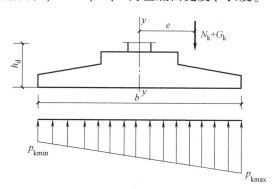

图 8-1　基底面未脱开地基的基底压力

矩（方）形扩展基础在核心区（$e \leqslant b/6$）内，承受偏心荷载作用时

$$p_{k\max} = \frac{N_k + G_k}{A} + \frac{M_k}{W} \tag{8-3}$$

$$p_{k\min} = \frac{N_k + G_k}{A} - \frac{M_k}{W} \tag{8-4}$$

$$e = \frac{M_k + H_k h_d}{N_k + G_k} \tag{8-5}$$

式中　M_k——荷载效应标准组合下，上部结构传至扩展基础顶面力矩合力修正标准值，$M_k = k_0 M_{rk}$；

　　　H_k——荷载效应标准组合下，上部结构传至扩展基础顶面水平合力修正标准值，$H_k = k_0 F_{rk}$；

$p_{k\max}$、$p_{k\min}$——荷载效应标准组合下，扩展基础底面边缘的最大压力值、最小压力值；

　　　e——合力作用点的偏心距；

　　　h_d——基础环顶标高至基础底面的高度。

2）当扩展基础在核心区（$e > b/6$）以外承受偏心荷载，且基底脱开地基面积不大于全部面积的 1/4，矩（方）形扩展基础单独承受偏心荷载（图 8-2）时，扩展基础底面压力可按下列公式计算

$$p_{k\max} = \frac{2(N_k + G_k)}{3la} \tag{8-6}$$

$$3a \geqslant 0.75b \tag{8-7}$$

式中　a——合力作用点至扩展基础底面最大压力边缘的距离，按（$b/2$）$-e$ 或（$l/2$）$-e$ 计算。

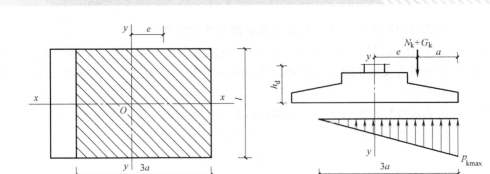

图 8-2　基底面部分脱开地基的基底压力

3. 地基承载力验算

地基土抗压计算应符合下列要求：

1）当承受轴心荷载时，应满足下式要求

$$p_k \leqslant f_a \tag{8-8}$$

式中　　p_k——荷载效应标准组合下，扩展基础底面处平均压力；

f_a——修正后地基承载力特征值。

2）当承受偏心荷载时，除应满足式（8-8）的要求外，尚应满足下式要求

$$p_{kmax} \leqslant 1.2f_a \tag{8-9}$$

式中　　p_{kmax}——荷载效应标准组合下，扩展基础底面边缘最大压力值。

3）当地基受力层范围内有软弱下卧层时，扩展基础宜按式（8-10）和式（8-11）验算软弱下卧层的承载力。

$$(p_z + p_{cz}) \leqslant f_{az} \tag{8-10}$$

$$p_z = \frac{lb(p_k - p_c)}{(b + 2z\tan\theta)(l + 2z\tan\theta)} \tag{8-11}$$

式中　　p_z——荷载效应标准组合下，软弱下卧层顶面处附加压力；

p_{cz}——软弱下卧层顶面处土自重压力；

f_{az}——软弱下卧层顶面处经深度等修正后的地基承载力特征值；

p_c——扩展基础底面处土的自重压力；

z——扩展基础底面至软弱下卧层顶面的距离；

θ——地基压力扩散线与垂直线的夹角，按表 8-5 采用。

表 8-5　地基压力扩散角 θ

E_{s1}/E_{s2}	z/b	
	0.25	0.5
3	6°	23°
5	10°	25°
10	20°	30°

注：1. E_{s1} 为上层土压缩模量，E_{s2} 为下层土压缩模量。

　　2. $z/b < 0.25$ 时取 $\theta = 0°$，必要时宜由试验确定；$z/b > 0.5$ 时 θ 值不变。

8.3.3 地基变形计算

塔架基础不仅承受竖向荷载，其横向荷载也很大。因此，基础变形应同时验算沉降值和倾斜率，保证其计算值不应大于地基变形允许值，见表 8-6。

表 8-6 地基变形允许值

轮毂高度 H/m	沉降允许值/mm		倾斜率允许值 $\tan\theta$
	高压缩性黏性土	低、中压缩性黏性土,砂土	
$H < 60$	300		0.006
$60 < H \leqslant 80$	200	100	0.005
$80 < H \leqslant 100$	150		0.004
$H > 100$	100		0.003

注：倾斜率指基础倾斜方向实际受压区域两边缘的沉降差与其距离的比值，按下式计算

$$\tan\theta = \frac{s_1 - s_2}{b_{\text{s}}}$$

式中 s_1、s_2——基础倾斜方向实际受压区域两边缘的最终沉降值；

   b_{s}——基础倾斜方向实际受压区域的宽度。

1. 地基最终沉降量计算

计算地基沉降时，地基内的应力分布，可采用各向同性均质线性变形体理论假定。其最终沉降值可按下式计算

$$s = \psi_{\text{s}} s' = \psi_{\text{s}} \sum_{i=1}^{n} \frac{p_{0k}}{E_{\text{s}i}} (z_i \overline{a}_i - z_{i-1} \overline{a}_{i-1}) \tag{8-12}$$

$$p_{0k} = \frac{F_{zk} + G_k}{A_{\text{s}}} \tag{8-13}$$

式中 s——地基最终沉降值；

   s'——按分层总和法计算出的地基沉降值；

   n——地基沉降计算深度范围内划分的土层数（图 8-3）；

   ψ_{s}——沉降计算经验系数，根据地区沉降观测资料及经验确定，无地区经验时可采用表 8-7 的数值；

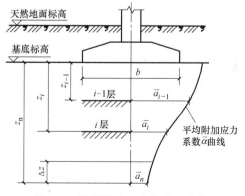

图 8-3 扩展基础沉降的分层计算

p_{0k}——荷载效应标准组合下，扩展基础底面处的附加压力，根据基底实际受压面积
$(A_s = b_s l)$ 计算；

E_{si}——扩展基础底面下第 i 层土的压缩模量，应取土自重压力至土的自重压力与附加
压力之和的压力段计算；

z_i、z_{i-1}——扩展基础底面至第 i、$i-1$ 层土底面的距离；

$\overline{a}_i$、$\overline{a}_{i-1}$——扩展基础底面计算点至第 i、$i-1$ 层土底面范围内平均附加应力系数。

表 8-7　沉降计算经验系数 ψ_s

基底附加压力	$\overline{E}_s/MPa$				
	2.5	4.0	7.0	15.0	20.0
$p_{0k} \geqslant f_{ak}$	1.4	1.3	1.0	0.4	0.2
$p_{0k} \leqslant 0.75 f_{ak}$	1.1	1.0	0.7	0.4	0.2

注：$\overline{E}_s$ 为沉降计算深度范围内压缩模量的当量值，应按下式计算

$$\overline{E}_s = \sum A_i / \sum \frac{A_i}{E_{si}}$$

式中　A_i——第 i 层土附加应力系数沿土层厚度的积分值。

2. 地基沉降计算深度 z_n

作用于地基土的附加压力随深度的增加而减少，土的压缩量一般也随深度的增加而降低。当到某一深度时土的压缩量就小到可以忽略不计的程度，这个深度称为地基沉降计算深度 z_n。z_n 可按沉降比确定。当考虑相邻荷载影响，某深度处符合式（8-14）的要求时，该深度即为该压缩层的计算深度 z_n。

$$\Delta s'_n \leqslant 0.025 \sum_{i=1}^{n} \Delta s'_i \tag{8-14}$$

式中　$\Delta s'_i$——计算深度 z_n 范围内，第 i 层土的计算沉降值；

$\Delta s'_n$——由计算深度向上取厚度为 Δz 的土层计算沉降值，Δz 按表 8-8 确定。

表 8-8　由计算深度 z_n 处向上取厚度 Δz 值

b/m	$b \leqslant 2$	$2 < b \leqslant 4$	$4 < b \leqslant 8$	$b > 8$
$\Delta z/m$	0.3	0.6	0.8	1.0

8.3.4　稳定性计算

扩展基础的稳定性应根据工程地质和水文地质条件进行抗滑、抗倾覆或抗浮稳定计算。抗滑稳定计算应根据地质条件分别进行沿基础底面和地基深层结构面的稳定计算。

1. 罕遇地震工况下的稳定计算

1）抗滑稳定最危险滑动面上的抗滑力与滑动力应满足下式要求

$$\frac{F'_R}{F'_S} \geqslant 1.0 \tag{8-15}$$

式中　F'_R——荷载效应偶然组合下的抗滑力；

F'_S——荷载效应偶然组合下，滑动力修正值。

2）沿基础底面的抗倾覆稳定计算，其最危险计算工况应满足下式要求

$$\frac{M'_R}{M'_S} \geqslant 1.0 \qquad (8-16)$$

式中 M'_R——荷载效应偶然组合下的抗倾力矩；

$\quad\quad M'_S$——荷载效应偶然组合下，倾覆力矩修正值。

2. 非罕遇工况下的稳定性计算

1）抗滑稳定最危险滑动面上的抗滑动面上的抗滑力与滑动力应满足下式要求

$$\frac{F_R}{F_S} \geqslant 1.3 \qquad (8-17)$$

式中 F_R——荷载效应基本组合下的抗滑力；

$\quad\quad F_S$——荷载效应基本组合下，滑动力修正值。

2）沿基础底面的抗倾覆稳定计算，其最危险计算工况应满足下式要求

$$\frac{M_R}{M_S} \geqslant 1.6 \qquad (8-18)$$

式中 M_R——荷载效应基本组合下的抗倾力矩；

$\quad\quad M_S$——荷载效应基本组合下倾覆力矩修正值。

8.3.5 抗冲切强度验算

风力发电机组基础是刚性基础，其抗剪强度一般均能满足要求，只需要进行抗冲切强度验算。如果基础的高度不够，将会沿着塔架边缘或者台柱边缘大致成45°角的斜面发生冲切破坏，如图8-4所示。为保证不发生冲切破坏，必须使冲切力小于冲切面处混凝土的抗冲切强度。因此，基础环与基础交接处及基础台柱边缘的受冲切承载力应符合下列规定

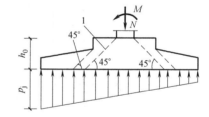

$$\gamma_0 F_l \leqslant 0.7\beta_{hp} f_t a_m h_0 \qquad (8-19)$$

$$a_m = \frac{a_t + a_b}{2} \qquad (8-20)$$

$$F_l = p_j A_l \qquad (8-21)$$

式中 F_l——荷载效应基本组合下，作用在 A_l 上的地基净反力设计值；

$\quad\quad A_l$——冲切验算时取用的部分基底面积（图8-4中的阴影面积 $ABCDEF$）；

$\quad\quad p_j$——扣除基础自重及其上部土重后相应于荷载效应基本组合时的地基土单位面积净反力，对偏心受压基础可取基础边缘处最大地基土单位面积净反力；

$\quad\quad \beta_{hp}$——受冲切承载力截面高度影响系数，当 $h_0 < 800mm$ 时取1.0，当 $h_0 \geqslant 2000mm$ 时取0.9，其间按线性内插法取用；

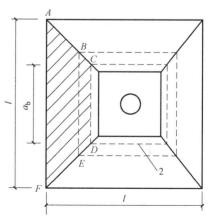

图8-4 计算阶形基础的受冲切承载力截面位置

1—冲切破坏锥体最不利一侧的斜截面

2—冲切破坏锥体的底面线

f_t——混凝土轴心抗拉强度设计值；

h_0——基础冲切破坏锥体的有效高度；

a_m——冲切破坏锥体最不利一侧计算长度；

a_t——受冲切破坏锥体最不利一侧斜截面的上边长（当计算基础环与基础交接处的受冲切承载力时，取基础环直径；当计算基础台柱边缘处的受冲切承载力时，取台柱宽）；

a_b——受冲切破坏锥体最不利一侧斜截面在基础底面积范围内的下边长（当受冲切破坏锥体的底面落在基础底面以内，计算基础环与基础交接处的受冲切承载力时，取基础环直径加两倍基础有效高度；当计算基础台柱边缘受冲切承载力时，取台柱宽加两倍该处有效高度）。

8.3.6　基础底板配筋

基础底板的配筋应遵照《混凝土结构设计规范》（GB 50010—2010）按受弯构件进行计算，如图 8-5 所示。

1．正截面承载力计算

1）在轴心荷载或单向偏心荷载作用下，对于方形基础，当台阶的宽高比小于或等于 2.5（a_I/h）和偏心矩小于或等于 1/6 基础宽度时（图 8-5a），任意截面的底板受弯可按简化公式（8-22）计算。

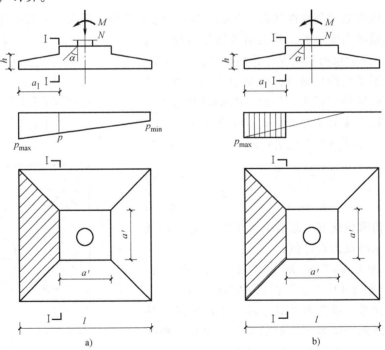

图 8-5　矩形基础底板的计算

a）偏心距小于或等于 1/6 基础宽度时　b）偏心距大于 1/6 基础宽度时

$$M_I = \frac{1}{12}a_I^2\left[(2l+a')\left(p_{max}+p-\frac{2G}{A}\right)+(p_{max}-p)l\right]\qquad(8-22)$$

式中 M_I——荷载效应基本组合下，任意截面Ⅰ—Ⅰ处的弯矩设计值；

　　p_{max}——荷载效应基本组合下，基础底面边缘最大地基反力设计值；

　　p——荷载效应基本组合下，在任意截面Ⅰ—Ⅰ处基础底面地基反力设计值；

　　G——考虑荷载分项系数的基础自重及其上覆土的自重；

　　a_I——任意截面Ⅰ—Ⅰ至基底边缘最大反力处的距离；

　　A——抗弯计算时的投影基底面积；

　　l——基础底面的边长。

2）在单向偏心荷载作用下，对于方形基础，当台阶的宽高比小于或等于 2.5（a_I/h）和偏心矩大于 1/6 基础宽度时（图 8-5b），变高截面处的弯矩可按简化公式（8-23）计算。

$$M_I = \frac{1}{6}a_I^2(2l+a')\left(p_{max}-\frac{2G}{A}\right) \tag{8-23}$$

在求出底板弯矩的基础上，按《混凝土结构设计规范》进行正截面承载力计算和纵筋配置。

2. 斜截面受剪承载力

基础应按不配置箍筋和弯起钢筋的厚板受弯构件验算斜截面受剪承载力。斜截面受剪承载力应按下式计算

$$\gamma_0 V \leqslant 0.7\beta_h f_t b h_0 \tag{8-24}$$

$$\beta_h = \left(\frac{800}{h_0}\right)^{\frac{1}{4}} \tag{8-25}$$

式中 V——荷载效应基本组合下，构件斜截面上最大剪力设计值；

　　β_h——受剪截面高度影响系数（当 $h_0<800$mm 时，取 $h_0=800$mm；当 $h_0>2000$mm 时，取 $h_0=2000$mm）；

　　f_t——混凝土轴心抗拉强度设计值；

　　h_0——截面的有效高度（mm）；

　　b——矩形截面的宽度。

3. 最大裂缝宽度验算

基础应按所处环境类别和设计工况确定相应的裂缝控制要求及最大裂缝宽度限值：

1）二类和三类环境中，基础混凝土裂缝宽度应满足下列规定：正常运行荷载工况，最大裂缝宽度不得超过 0.2mm；极端荷载工况，最大裂缝宽度不得超过 0.3mm。

2）四类和五类环境中的基础混凝土，其裂缝控制要求应符合专门标准的有关规定。

对于矩形截面的钢筋混凝土基础，按荷载效应的标准组合并考虑长期作用影响，最大裂缝宽度 w_{max} 按下列公式计算

$$w_{max} = \alpha_{cr}\psi\frac{\sigma_{sk}}{E_s}\left(1.9C_s+0.08\frac{d_{eq}}{\rho_{te}}\right) \leqslant w_{lim} \tag{8-26}$$

$$\psi = 1.1-\frac{0.65f_{tk}}{\rho_{te}\sigma_{sk}}, \sigma_{sk} = \frac{M_k}{0.87h_0A_s}$$

$$\rho_{te} = A_s/A_{te}, d_{eq} = \frac{\sum n_i d_i^2}{\sum n_i v_i d_i}$$

式中　α_{cr}——构件受力特征系数，取 1.9；

ψ——裂缝间钢筋应变不均匀系数，当 $\psi<0.2$ 时，取 $\psi=0.2$；当 $\psi>1.0$ 时，取 $\psi=1.0$，对直接承受重复荷载的构件，取 $\psi=1.0$；

σ_{sk}——按荷载标准组合计算的构件纵向受拉钢筋应力；

M_k——按荷载标准组合计算的弯矩值；

C_s——最外层纵向受力钢筋外边缘至受拉区底边的距离，当 $C_s<20mm$ 时，取 $C_s=20mm$，当 $C_s>65mm$ 时，取 $C_s=65mm$；

ρ_{te}——按有效受拉混凝土截面面积计算的纵向受拉钢筋配筋率，当 $\rho_{te}<0.01$ 时，取 $\rho_{te}=0.01$；

A_s——纵向受拉钢筋截面面积；

A_{te}——有效受拉混凝土截面面积，取腹板截面面积的一半，即 $A_{te}=0.5bh$；

d_{eq}——纵向受拉钢筋的等效直径；

d_i——第 i 种纵向受拉钢筋的直径；

n_i——第 i 种纵向受拉钢筋的根数；

v_i——第 i 种纵向受拉钢筋的相对黏结特性系数，带肋钢筋取 1.0，光面钢筋取 0.7。

8.4　海上风力发电机组基础

　　海风是取之不竭用之不尽的绿色新能源，海上风力发电具有占地少、风速大、风向稳等优点。目前，海上风力发电场的开发大部分在丹麦、德国、荷兰、英国、瑞典、爱尔兰等国家。1990 年瑞典安装了第一台示范海上风力发电机组，单机容量为 220kW。1991 年丹麦建成了 Vindeby 风力发电场，由 11 台 450kW 的 Bonus 风力发电机组组成，1995 年建成的 Tun grunden 风力发电场由 10 台 500kW 的 Vestas 风力发电机组组成，装机容量 50MW。2002 年和 2003 年，丹麦又先后建成了两个大型海上风力发电场：Horns Rev 海上风力发电场为 80 台 2MW 风力发电机组，共 160MW 装机容量；Nysted 海上风力发电场 72 台 2.3MW 风力发电机组，共 165.6MW 装机容量。这些风力发电场的运行都比较成功，并取得了大量实际运行经验。2010 年底，我国建成了首座海上风力发电场——东海大桥风力发电场，由 34 台 3MW 的风力发电机组组成；2011 年又建成了江苏如东海上风力发电场，由 50 台 3MW 的风力发电机组组成，装机容量达到 150MW。海上风力发电场概况见表 8-9。

表 8-9　现有海上风力发电场概况

位置	建立年	装机容量/MW	机型	水深/m	距海岸距离/km
Nogersund（瑞典）	1991	$1\times0.22=0.22$	WindWorld	7	0.25
Vindeby（丹麦）	1991	$11\times0.45=4.95$	Bonus	3~5	1.5
Medemblik（荷兰）	1994	$4\times0.5=2$	NedWind	5~10	0.75
Tuno Knob（丹麦）	1995	$10\times0.5=5$	Vestas	3~5	6
Dronten（荷兰）	1996	$28\times0.6=16.8$	Nordtank	5	0.02
Bocktigen Valor（瑞典）	1998	$5\times5=2.5$	WindWorld	6	3

（续）

位置	建立年	装机容量/MW	机型	水深/m	距海岸距离/km
Middelgrunden(丹麦)	2000	20×2＝40	Bonus	3~6	3
Utgrunden(瑞典)	2000	7×5＝10.5	Enron	7~10	8
Blyth(英国)	2000	2×2＝4	Vestas	8	0.8
Yttre Stengrund(瑞典)	2001	5×2＝10	NEG Micon	6~10	5
Horns Rev(丹麦)	2002	80×2＝160	Vestas	6~14	14~20
Sam so(丹麦)	2002	10×5＝25	Bonus	18~20	5
Arklow Bank(爱尔兰)	2003	7×6＝25.2	GE		
Rodsand /Nysted(丹麦)	2003	72×3＝165.6	Bonus		
North Hoyle(英国)	2003	30×2＝60	Vestas		
东海大桥(中国)	2010	34×3＝102		10	8~13
江苏如东(中国)	2011	50×3＝150			

8.4.1 海上风力发电机组基础的分类与特点

海上风电机组基础设计时，基础形式的选择需要考虑多种因素，如基础结构特点；适用自然条件，包括水深、水位变动幅度、土层条件、海床坡率与稳定性、水流流速与冲刷、所在海域气候、靠泊与防撞要求等；风电机组运行要求；海上施工技术与经验，如施工安装设备能力、预加工场地与运输条件等；经济性，如工程造价和项目建设周期要求等。

常用的海上风电机组基础类型如图8-6所示，包括重力式基础、单桩基础、多桩基础、三脚架或多脚架基础、导管架基础等。试验阶段的风电机组基础类型包括悬浮式、吸力式、张力腿式、三桩钢架式基础等形式。近海风力发电机组大都采用重力式基础或单桩基础，也

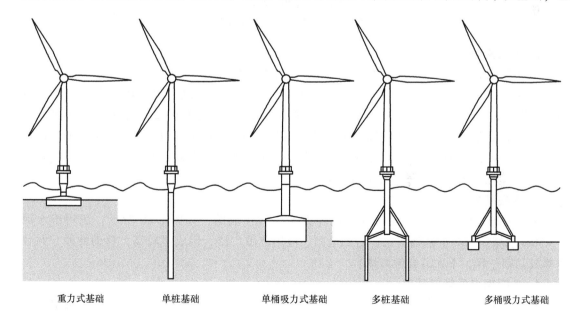

| 重力式基础 | 单桩基础 | 单桶吸力式基础 | 多桩基础 | 多桶吸力式基础 |

图 8-6　海上风电机组基础

有采用多桩基础的，如江苏如东风电场的 38 台风机中有 17 台风机采用单桩基础形式，21 台采用多桩导管架基础形式。

1. 重力式基础

重力式基础按材料分为混凝土制和钢制的，如图 8-7 所示。混凝土重力式基础依靠其自身巨大的重量来固定机组。这种基础造价低、安装简便、稳定性好，适合所有海床状况。其缺点是需要进行海底准备，受冲刷影响较大，仅适用于 10m 以内的浅水区域。钢制重力式基础像混凝土重力式基础一样，也是依靠自身重量来固定风力发电机组的，但钢制基础重量较轻，可在基座固定之后，向其内部填充重矿石以增加重量。钢制基础易于安装及运输，但抗腐蚀性较差，需要长期保护。

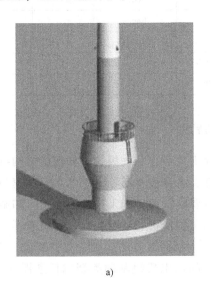 

a)   b)

图 8-7　重力式基础

a）混凝土重力式基础　b）钢制重力式基础

2. 单桩基础

单桩基础目前已经成为安装海上风力发电机组的"半标准"方法，在 Horns Rev、Samsø、Utgrunden、Arklow Bank、Scroby Sands 及 Kentish Flats 风力发电场中有着广泛的应用，如图 8-8a 所示。目前单桩基础的直径一般为 3～5m，适用于 0～25m 的水域。单桩基础的优点是安装简便，利用打桩或喷孔的方法将桩基安装在海底泥面以下一定深度，通过调整片或护套来补偿打桩过程中的微小倾斜，以保证基础的平正。其缺点是移动困难，如果安装地点的海床是岩石，还要增加钻孔的费用。

3. 多桩基础

多桩基础是由三根或多根单桩组成多支架模式构成的，如图 8-8b 所示，适用于水深 20～50m 水域。与单桩基础相比，它更坚固，应用范围广泛，但成本较高，移动性差，并且像单桩基础一样，不太适合软海床。

4. 多脚架与导管架基础

多脚架基础适用于绝大多数海床条件，以图 8-9a 所示的三脚架为例，基础结构由 3 根钢管桩定位于海底，桩顶通过桩管套与上部三脚架结构连接，构成组合式多桩基础。三脚架

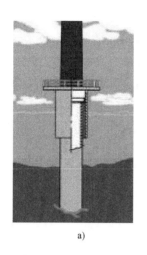
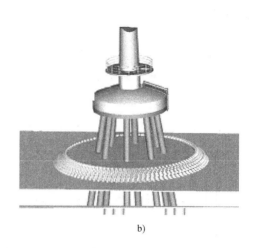

a)   b)

图 8-8　桩基础

a）单桩基础　b）多桩基础

式基础增强了结构的强度和刚度，提高了基础的稳定性和可靠性，扩大了适用范围，适用水深 20～40m 的海域。

导管架基础的下部结构采用桁架式结构，以图 8-9b 所示的 4 桩导管架基础为例，结构采用钢管相互连接形成的空间桁架结构，基础结构的四根主导管端部下设套筒，套筒与桩基础通过灌浆相连接。导管架结构刚度大，易于保证平台结构的整体性，提高了结构抵抗的抗力，适用水深 20～50m 的海域。

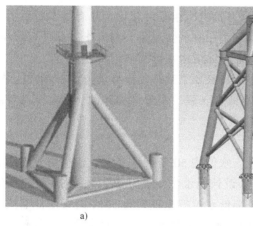
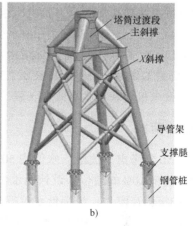

a)   b)

图 8-9　三脚架及导管架基础

a）三脚架基础　b）导管架基础

5. 吸力式基础

吸力式基础可分为单柱及多柱吸力式沉箱基础，如图 8-10a 所示。吸力式基础通过施工手段将钢裙沉箱中的水抽出形成吸力。该基础利用负压方法进行，可大大节省钢材用量和海上施工时间，具有较良好的应用前景，但目前仅丹麦有成功的安装经验。

6. 悬浮式基础

悬浮式基础有柱形浮筒、TLP 和三浮筒式的，如图 8-10b 所示，适合于 50～200m 的水深。其优点是费用较低，可移动，易拆除，易于扩大近海风力发电场的范围。其缺点是基础不稳定，只适合风浪小的海域。另一个主要问题是齿轮箱及发电机等旋转运动的机械长期处于巨大的加速度力量下，潜在地增加安装失败的危险及降低预期使用寿命。

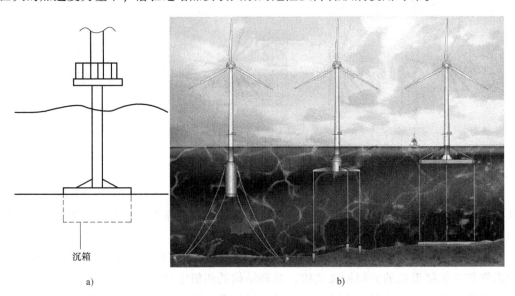

图 8-10　新概念基础
a）吸力式基础　b）悬浮基础

海上风力发电机组基础与陆上风力发电机组基础相比，具有如下特点：

1）海上风力发电机组处于海洋环境中，承受波浪、潮流作用，具有海洋结构工程特性。

2）塔架高达几十米，其基础具有高耸结构基础的结构特性。

3）风力发电机组工作时动力学问题突出，其基础具有动力设备基础的结构特性。

因此海上风力发电机组基础具有海洋工程、高耸结构基础、动力基础等结构特性。

8.4.2　基础设计荷载

设计基准期按 50 年考虑。波浪、水位按 50 年一遇考虑。建筑物等级按Ⅱ级考虑。设计高水位按高潮累积频率 10% 的潮位；设计低水位按低潮累积频率 90% 的潮位；极端高水位按重现期为 50 年的极值高潮位；极端低水位按重现期为 50 年的极值低潮位。基础顶高程应从设计水位、设计波高、结构受到的波浪力综合考虑，一般情况下，基础上方塔架与基础结合面，不受海水浸泡和波浪打击，但顶面高程过高，不方便维护人员的上下。所以基础顶高程宜为：设计高水位+波浪超高+富裕高度，波浪超高可取 50 年一遇 1% 波浪的超高。

1. 设计荷载

永久荷载为结构自重，包括基础自重、上部机组自重。可变荷载包括风荷载、波浪和水流荷载。风荷载包括作用在塔架及风轮上的风荷载。波浪、水流荷载中，波浪力的波浪按重现期为 50 年，累计频率为 1% 的波高考虑。水流作用在桩基础、重力式圆形基础上可取垂线平均流速，作用在群桩基础上方墩台取表面流速，可参考《海港水文规范》（JTS 145—2—

2013)。偶然荷载包括漂流物撞击力、船舶事故撞击、地震荷载。

（1）漂流物撞击力 《公路桥涵设计通用规范》（JTG D60—2015）基于动量公式给出了漂流物的撞击力估算公式

$$F = \frac{Wv}{gT} \tag{8-27}$$

式中 W——漂流物重力，应根据河流中漂浮物情况，按实际调查确定；

v——水流速度；

T——撞击持续时间，应根据实际资料估计，在无实际资料时可取 1s；

g——重力加速度，$g = 9.81\text{m/s}^2$。

（2）船舶事故撞击 目前国内外发展了很多船舶撞击力计算的经验公式，其中比较常用的经验公式除式（8-27）外，还有《美国路桥规范》（AASHTO 1994）给出的船舶撞击力计算公式

$$P_s = 1.2 \times 10^5 v \sqrt{W_b} \tag{8-28}$$

式中 P_s——船舶撞击力（N）；

v——船舶撞击速度（m/s）；

W_b——船舶载质量（t）。

（3）地震荷载 海上风力发电机组属于水运工程，在进行抗震计算时应遵守以下原则：

1）水运工程建筑物抗震设计属于偶然状况，仅应进行抗震稳定和承载力等承载能力极限状态验算，不应进行正常使用极限状态验算。

2）计算地震作用时，结构物的重力荷载代表值应取结构和构配件自重标准值和各可变荷载组合值之和。

3）水平向地震系数 K_H，设计反应谱应根据场地类别和结构自振周期按《水运工程抗震设计规范》（JTS 146—2012）计算。

4）海上风力发电结构物水平向地震作用，应根据结构物的形式，分别对纵、横两个方向或其中一个方向进行验算。

5）海上风力发电结构物的竖向惯性力，可按相应的水平地震惯性力算法，以竖向地震系数 K_V 代替水平向地震系数 K_H 进行计算，K_V 取 $2/3K_H$。对于重力式结构物，当设计抗震烈度为 8 度、9 度时，需同时计入水平向和竖向地震惯性力。此时竖向地震惯性力应乘以 0.5 的组合系数。

6）当结构物位于海啸易发区时，应考虑海啸对结构物的作用，可按结构物所在海域水深能发生的最大海浪计算。

按照以上原则，当结构物按多质点体系计算地震作用时，沿结构物高度质点 i 的第 j 振型水平向的地震惯性力 P_{ij} 应当按下式计算

$$P_{ij} = CK_H \gamma_j \varphi_{ij} \beta_j W_i \tag{8-29}$$

式中 C——综合影响系数，取 $0.35 \sim 0.5$；

K_H——平向地震系数；

φ_{ij}——j 振型在质点 i 处的相对水平位移；

β_j——j 振型在自振周期为 T_i 时的相应的动力放大系数；

W_i——堆聚在质点 i 的重力。

γ_j——结构振型参与系数，按下式计算

$$r_j = \frac{\sum\limits_{i=1}^{n} \varphi_{ij} W_i}{\sum\limits_{i=1}^{n} \varphi_{ij}^2 W_i} \tag{8-30}$$

作用在重力墩式结构物上总的动水压力，可以按《水运工程抗震设计规范》计算。

2. 荷载组合

（1）承载能力极限状态　分别按持久组合、短暂组合、偶然组合考虑承载能力极限状态。

1）持久组合

$$S_d \leqslant R_d \tag{8-31}$$

式中　S_d——作用效应设计值；

R_d——结构抗力设计值。

$$S_d = \gamma_0 \left[\gamma_G C_G G_k + \gamma_{Q_1} C_{Q_1} Q_{1k} + \psi \sum_{i=2}^{n} \gamma_{Q_i} C_{Q_i} Q_{ik} \right] \tag{8-32}$$

式中　　　γ_0——结构构件的重要性系数，与安全等级对应，安全等级为一级的结构构件不应小于 1.1；对安全等级为二级的结构构件不应小于 1.0；对安全等级为三级的结构构件不应小于 0.9；在抗震设计中，不考虑结构构件的重要性系数；

γ_G——永久荷载的分项系数，取 1.3，当永久荷载对结构有利时，取 1.0；

γ_{Q_1}、γ_{Q_i}——第 1 个可变荷载、第 i 个可变荷载分项系数，风荷载、水流力、波浪力、冰荷载等均取 1.5，也可按表 8-10 取值；

C_G、C_{Q_1}、C_{Q_i}——永久荷载、第 1 个可变荷载、第 i 个可变荷载的作用效应系数；

G_k、Q_{1k}、Q_{ik}——永久荷载、第 1 个可变荷载、第 i 个可变荷载的标准值；

ψ——可变荷载 Q_{ik} 的组合值系数，按《港口工程荷载规范》（JTS 144—1—2010）有关规定，可取 0.7；

n——参与组合的可变荷载数。

表 8-10　可变荷载分项系数

荷载名称	分项系数	荷载名称	分项系数
永久荷载	1.2	汽车荷载	1.4
一般件杂货、集装箱荷载	1.4	缆车荷载	1.4
五金钢铁荷载	1.5	船舶系缆力	1.4
散货荷载	1.5	船舶挤靠力	1.4
液体管道（含推力）荷载	1.4	船舶撞击力	1.5
人群荷载	1.4	风荷载	1.4
起重机械荷载	1.5	水流力	1.5
运输机械荷载	1.4	冰荷载	1.5
铁路荷载	1.4		

注：1. 除有关规范另作规定外，作用分项系数均按本表采用。

　　2. 当两个可变作用完全相关时，其非主导可变作用应按主导可变作用考虑。

　　3. 当永久荷载产生的作用效应对结构有利时，分项系数的取值不大于 1.0。

　　4. 结构自重、固定设备重力、土重等为主时，分项系数应增大为不小于 1.3。

荷载组合为：永久荷载+风荷载+波浪、水流力。

组合系数：考虑风与波浪、水流荷载同时发生，取 1.0。

2）短暂组合

$$S_d = \gamma_G C_G G_k + \sum_{i=1}^{n} \gamma_{Q_i} C_{Q_i} Q_{ik} \tag{8-33}$$

式中，可变荷载分项系数比持久组合时小 0.1。

荷载组合为：永久荷载+施工荷载。

3）偶然组合。永久作用标准值效应与可变作用某种代表值效应、一种偶然作用标准值效应相组合：永久荷载+地震荷载+水流力；永久荷载+漂流物撞击+水流力。

$$S \leqslant \frac{R}{\gamma_{RE}}$$

$$S_d = \gamma_0 \left[\gamma_G C_G G_k + \gamma_P C_P Q_P + \psi \sum_{i=1}^{n} \gamma_{Q_i} C_{ik} Q_{ik} \right] \tag{8-34}$$

式中　　R——结构构件承载力设计值；

　　　　S——结构构件作用效应设计值；

　　　γ_{RE}——抗震调整系数；

γ_P、C_P、Q_P——偶然作用的分项系数、作用效应系数及标准值。

（2）正常使用极限状态　对正常使用极限状态，分别按持久设计状况的频遇组合，持久设计状况的准永久组合，短暂设计状况。

1）持久设计状况的频遇组合

$$S_k = C_G G_k + \psi_1 \sum_{i=1}^{n} C_{Q_i} Q_{ik} \tag{8-35}$$

荷载组合为：永久荷载+风荷载+波浪+水流力。

2）持久设计状况的准永久组合

$$S_i = C_G G_k + \psi_2 \sum_{i=1}^{n} C_{Q_i} Q_{ik} \tag{8-36}$$

荷载组合为：永久荷载+风荷载+波浪+水流力。

3）短暂设计状况　短暂设计状况需要考虑正常使用极限状态时的施工荷载

$$S_i = C_G G_k + \sum_{i=1}^{n} C_{Q_i} Q_{ik} \tag{8-37}$$

荷载组合为：永久荷载+施工荷载。

目前，海上风电机组基础设计可参考国内外相关规范，如现行《风电机组地基基础设计规定》《海港水文规范》《建筑桩基技术规范》、*Design of off shore wind turbine structures*（DNV-OS-J101：2004）、《海上固定平台规划、设计和推荐作法工作应力设计法》（SY/T 10030—2004）和《海上钢结构疲劳强度分析推荐作法》（SY/T 10049—2004）等。根据风力发电机组设备商提供的基础荷载、基础设计要求分别进行承载极限状态、疲劳极限状态和系统模态计算。

■ 8.5 海上单桩基础设计

单桩基础受力比较明确，上部塔架将风力发电机组的空气动力荷载传递给基础的过渡段钢筒，再通过基桩传递给海床地基，如图 8-11 所示。单桩基础多采用超大直径的钢管桩，因此需采用大型液压冲击锤进行沉桩作业。单桩基础结构简单，海上作业量较少、工序较为简单，施工速度较快。但单桩基础在岩石地基、深厚淤泥质土地基中适用性较差，需要施工嵌岩桩或进行地基处理，施工难度较大，造价较高。最适合的海域为砂质土地基，水深范围为 0~25m。

单桩基础主体部分为超大直径钢管桩与过渡段钢筒，因其壁厚较大（一般为 40~80mm），无明显的交叉节点，因此在结构受力时无明显的疲劳问题。但因基础刚度相对于其他基础要小，因此进行动力分析时要特别注意，基础周围需设置防冲刷措施进行防护，以避免基础周围的局部冲刷过大影响结构的稳定性及整机的频率。

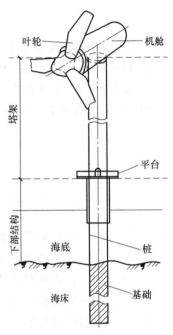

图 8-11　单桩基础结构

8.5.1 单桩基础静力计算

1. 桩-土相互作用

海上风力发电机组基础，在桩径较大、位移较大的情况下，桩顶受到较大的水平力、弯矩作用，桩侧土体从海床面开始屈服，发生局部塑性变形并逐渐向下扩展，这种情况下采用弹塑性分析法。计算时对塑性区采用极限地基反力法，在弹性区采用弹性地基反力法，根据弹性区与塑性区边界上的连续条件求桩的水平抗力。根据塑性区和弹性区水平反力分布假设的不同，弹塑性分析法又分为长尚法、竹下法、斯奈特科法和 p-y 曲线法，应用最广泛的是 p-y 曲线法。

在 p-y 曲线法中，模拟桩-土作用时，其水平弹塑性弹簧按 p-y 曲线模拟，桩侧竖向弹簧以 τ-z 曲线模拟，桩端弹簧以 Q-z 曲线模拟。因水平向 p-y 影响最大，故称为 p-y 曲线法。

（1）模拟水平弹塑性弹簧的 p-y 曲线

1）对于不排水抗剪强度指标 $c \leqslant 96kPa$ 的软黏土地基，桩侧土抗力的极限值 P_u 为

$$P_u = \begin{cases} 3c + \gamma X + J\dfrac{cX}{D} & (0 < X < X_R) \\[2mm] 9c & (X \geqslant X_R) \end{cases} \qquad (8\text{-}38)$$

式中　P_u——桩侧的极限土抗力（kPa）；

　　　c——未扰动黏土土样的不排水抗剪强度（kPa）；

　　　D——桩径（m）；

　　　γ——土的有效重度（浮重度）（MN/m³）；

　　　J——无因次经验常数，现场试验表明其变化范围为 0.25~0.5；

X——泥面以下深度（mm）；

X_R——泥面以下到土抗力减少区域底部的深度（mm）。

X_R 分两种情况确定：①当土强度随深度变化时，可用 P_u 对深度的曲线求解，两曲线的第一个交点即 X_R。一般情况下，X_R 的最小值约为 $2.5D$。②当土强度不随深度变化时，X_R 按下式计算

$$X_R = \frac{6D}{\dfrac{\gamma D}{c} + J} \tag{8-39}$$

软黏土中的桩侧土抗力-变形的关系一般是非线性的，短期静荷载作用下可按表 8-11 获得 p-y 曲线。表中，p 为桩侧向实际土抗力（kPa）；y 为侧向实际水平变位（mm）；$y_c = \varepsilon_c D$，D 为桩径；ε_c 为实验室进行不扰动土样的不排水压缩试验时，出现在 1/2 最大应力时的应变。

表 8-11　软黏土在短期静荷载作用下的 p-y 曲线表

p/p_u	y/y_c	p/p_u	y/y_c
0.00	0.0	1.00	8.0
0.50	1.0	1.00	∞
0.72	3.0		

对于循环荷载作用下地基土已达到平衡的情况，可按表 8-12 获得 p-y 曲线。

表 8-12　软黏土在循环荷载作用下的 p-y 曲线表

条件	p/p_u	y/y_c	条件	p/p_u	y/y_c
当 $X>X_R$ 时	1	0	当 $X<X_R$ 时	0	0
	0.50	1.0		0.50	1.0
	0.72	3.0		0.72	3.0
	>0.72	∞		$0.72X/X_R$	15.0
				>$0.72X/X_R$	∞

2）对于不排水抗剪强度指标 $c>96\mathrm{kPa}$ 的硬黏土地基：

① 在短期静荷载作用下的 p-y 曲线按下式计算

$$P = \begin{cases} \dfrac{P_u}{2}\left(\dfrac{y}{y_c}\right)^{\frac{1}{3}} & (y \leqslant 8y_c) \\ \\ P_u & (y>8y_c) \end{cases} \tag{8-40}$$

② 在循环荷载作用下的 p-y 曲线按式（8-41）、式（8-42）计算。

当 $X_R \leqslant X$ 时
$$P = \begin{cases} \dfrac{P_u}{2}\left(\dfrac{y}{y_c}\right)^{\frac{1}{3}} & (y \leqslant 3y_c) \\ \\ 0.72P_u & (y>3y_c) \end{cases} \tag{8-41}$$

$$当 X_R > X \text{ 时} \quad P = \begin{cases} \dfrac{P_u}{2}\left(\dfrac{y}{y_c}\right)^{\frac{1}{3}} & (y \leqslant 3y_c) \\[3mm] 0.72P_u\left[1-\left(1-\dfrac{X}{X_R}\right)\dfrac{y-3y_c}{12y_c}\right] & (3y_c < y \leqslant 15y_c) \\[3mm] 0.72P_u\dfrac{X}{X_R} & (y > 15y_c) \end{cases} \tag{8-42}$$

3）对于砂质土地基。桩侧极限土抗力按下式计算

$$\begin{cases} P_{us} = (C_1 H + C_2 D)\gamma H \\[1mm] P_{ud} = C_3 D\gamma H \end{cases} \tag{8-43}$$

式中　P_{us}、P_{ud}——桩侧的极限土抗力（kN/m），下角标 s 表示浅层土，d 为深层土；

　　　　H——深度（m）；

　　　　D——桩径（m）；

　C_1、C_2、C_3——砂土有效内摩擦角 φ' 的函数值，按图 8-12 取值。

砂土的 $p\text{-}y$ 曲线计算式为：

$$P = AP_u \tanh\left(\dfrac{kH}{AP_u}y\right) \tag{8-44}$$

式中　A——考虑循环荷载或静力荷载条件的系数，循环荷载取 $A = 0.9$，静力荷载取 $A = [(3.0 \sim 8.0)H/D] \geqslant 0.9$；

　　　　k——地基反力初始模量（kN/m³），按图 8-13 取值。

（2）模拟桩侧竖向弹簧的 $\tau\text{-}z$ 曲线

轴向荷载传递与竖向位移的 $\tau\text{-}z$ 曲线，应由代表性土中的桩荷载现场试验或实验室模拟实验获得，在没有确实的试验数据时，对非钙质土可按表 8-13 建立曲线。

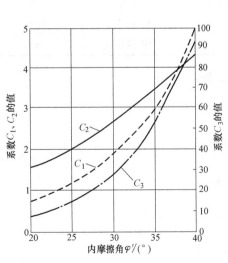

图 8-12　系数 C 与 φ' 的函数关系

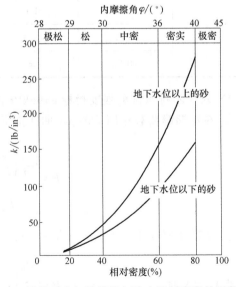

图 8-13　地基反力初始模量与砂土相对密度的函数关系

注：1lb/in³ = 27679.9kg/m³。

表 8-13 τ-z 曲线表

黏 土		砂 土	
z/D	$\tau/\tau_{\max}$	z/in	$\tau/\tau_{\max}$
0.0016	0.30	0.0	0.00
0.0031	0.50	0.1	1.00
0.0057	0.75	∞	1.00
0.0080	0.90		
0.0100	1.00		
0.0200	0.70~0.90		
∞	0.70~0.90		

（3）模拟桩端弹簧的 Q-z 曲线　在砂土和黏土地基中，只有桩端的轴向位移达到 $0.1D$ 时，桩端承载力才能发挥作用。在没有确实的试验数据时，可按表 8-14 建立曲线。表中，z 为桩的轴向位移（mm），D 为桩的直径（mm），Q 为实际桩端承载力（kN），Q_p 为桩端承载力（kN）。

表 8-14 Q-z 曲线表

z/D	Q/Q_p	z/D	Q/Q_p
0.002	0.25	0.073	0.90
0.013	0.50	0.100	1.00
0.042	0.75		

2. 单桩承载力计算

单桩承载力应根据现场的静载试验确定，当不具备静载试验条件时，也可通过经验公式估算。

（1）静载试验法　当进行静载试桩时，单桩竖向极限承载力设计值的计算公式为

$$Q_d = \frac{Q_k}{\gamma_R} \tag{8-45}$$

式中　Q_d——竖向极限承载力设计值（kN）；

　　　Q_k——竖向承载力标准值，由静载试桩试验获得（kN）；

　　　γ_R——竖向承载力分项系数，取 1.30，但当地质情况复杂或永久作用所占比重较大时，取 1.40。

（2）经验公式法

1）竖向抗压极限承载力。可按经验公式（8-46）确定单桩竖向抗压极限承载力设计值。

$$Q_d = \frac{1}{\gamma_R}(U\sum q_{fi}l_i + q_R A) \tag{8-46}$$

式中　Q_d——单桩竖向抗压极限承载力设计值（kN）；

　　　γ_R——单桩竖向抗压承载力分项系数，取 1.45，但当地质情况复杂或永久作用所占比重较大时，取 1.55。

U——桩身截面周长（m）；

q_{fi}——单桩第 i 层土的极限侧摩阻力标准值，通过地勘钻孔并进行室内试验取得（kPa）；

l_i——桩身穿过第 i 层土的长度（m）；

q_R——单桩极限桩端阻力标准值，通过地质勘探钻孔并进行室内试验取得（kPa）；

A——桩身藏面面积（m^2）。

2）竖向抗拔极限承载力。可按经验公式（8-47）确定单桩竖向抗拔极限承载力设计值。

$$T_d = \frac{1}{\gamma_R}(U\sum\varepsilon_i q_{fi}l_i + G\cos\alpha) \qquad (8-47)$$

式中 T_d——单桩竖向抗拔极限承载力设计值（kN）；

ε_i——单桩抗拔折减系数，由地质勘察确定，黏性土取 0.6~0.8，砂性土取 0.4~0.6，桩入土深度大时取大值，反之取小值；

G——桩重力，水下部分按浮重力计（kN）；

α——桩轴线与垂线的夹角（°）。

8.5.2 单桩基础连接设计

单桩基础需要利用打桩或钻孔的方法将桩安装到海床的设计深度处，这过程中常产生倾斜，其垂直度一般难以满足风力发电机组运行的要求。因此，常在单桩基础上部设置过渡段钢筒进行精确调平。过渡段的下端一般在平均海平面的下方，而上端在极端高潮位以上，故基础调平系统可利用靠近桩顶位置的内平台作为操作平台，在桩顶与过渡段之间设置调节螺栓或千斤顶等调平系统。过渡段钢筒与钢管桩之间通过灌注灌浆料连接，连接段的长度 L 与连接段直径 D 之比约为 1.5。海上风力发电机组基础典型灌浆材料的性能指标见表 8-15。

表 8-15 海上风力发电机组基础典型灌浆材料性能指标

材料性能指标	Densit S1W 型	BASF MF9500 型	UHPG-120 型	Nax^{TM}Q140 型
表观密度 $\rho_G/(kg/m^3)$	2250	2440	2374	2450
抗压强度 f_c/MPa	110	135	120	140
抗拉强度 f_t/MPa	5	7	6	—
抗折强度 f_u/MPa	13.5	15.0	15.0	21.0
静弹性模量 E_c/GPa	35	50	45	48
动弹性模量 E_p/GPa	37	60	54	60
泊松比 ν_G	0.19	0.19	0.19	0.19
钢材与灌浆料表面静摩擦系数 μ_{GS}	0.6	0.6	0.6	0.6

过渡段在循环荷载作用下，灌浆端部会逐渐损伤并降低灌浆的承载力。因此，常在灌浆连接范围的桩外壁及过渡段钢筒内壁设置剪力键。过渡段的灌浆连接如图 8-14 所示。

各部的尺寸要求如下：

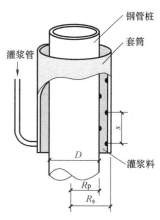

$$5 \leqslant \frac{R_p}{t_p} \leqslant 30$$

$$9 \leqslant \frac{R_s}{t_s} \leqslant 70$$

$$\frac{h}{s} \leqslant 0.1$$

$$s > \sqrt{R_p t_p}$$

图 8-14 过渡段的灌浆连接

式中　R_p——基础中轴线与桩外壁之间的距离（mm）；

　　　　R_s——基础中轴线与过渡段钢筒外壁之间的距离（mm）；

　　　　t_p——连接处钢管桩的壁厚（mm）；

　　　　t_s——连接处过渡段钢筒的壁厚（mm）；

　　　　s——剪力键的间距（mm）；

　　　　h——剪力键的高度（mm）。

剪力键一般设置成间距为 s 的圆环或者螺距为 s 的连续螺旋圈，剪力键可以为焊接光滑的焊珠、贴脚焊光滑过渡的扁钢或圆钢，如图 8-15 所示。

灌浆段的结构计算应满足以下经验公式。

剪力键抗轴力　　$\tau_{sa} = \dfrac{P}{2R_p \pi L_g} \leqslant \dfrac{\tau_{ks}}{\gamma_m}$　　（8-48）

钢材与剪力键之间的摩擦力抵抗扭矩

$$\tau_{st} = \frac{M_T}{2R_p^2 \pi L_g} \leqslant \frac{\tau_{kf}}{\gamma_m} \qquad (8-49)$$

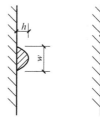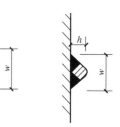

图 8-15 灌浆段的剪力键示意

$$\tau_{ks} = \frac{\mu E_s}{F}\left(\frac{h}{21s} f_{ck}^{0.4} \sqrt{\frac{t_p}{R_p}}\right)\frac{s}{L_g} n$$

$$\tau_{kf} = \frac{\mu E_s}{F}\left(\frac{\delta}{R_p}\right)$$

$$F = \frac{R_p}{t_p} + \frac{E_s t_g}{E_g R_p} + \frac{R_s}{t_s}$$

式中　γ_m——灌浆材料抗力系数，一般取 3.0；

　　　　τ_{sa}——轴力效应（MPa）；

　　　　τ_{st}——扭矩效应（MPa）；

　　　　P——灌浆段所受轴力设计值（kN）；

　　　　M_T——灌浆段所受扭矩的设计值（kN·m）；

　　　　τ_{ks}——由剪力键产生的接触面抗剪强度（MPa）；

　　　　τ_{kf}——由摩擦产生的接触面抗剪强度（MPa）；

　　　　n——剪力键的数目；

　　　　f_{ck}——灌浆体标准试块的抗压强度标准值（MPa）；

　　　　E_s——钢材的弹性模量（MPa）；

　　　　L_g——灌浆连接的长度（m）；

F——柔性系数；

E_g——灌浆体的弹性模量（MPa）；

t_g——套筒与桩之间的空隙宽度（m）；

其余参数意义同前。

运用以上计算经验完成初步设计后，还应通过灌浆连接段节点的比例模型进行试验验证，保证灌浆段能承受各种工况下的承载能力极限状态和疲劳性能的要求。

参 考 文 献

［1］ 马人乐，黄冬平. 风力发电结构的事故分析及其规避［J］. 特种结构，2010（3）：1-3.

［2］ 王民浩，陈观福. 我国风力发电机组地基基础设计［J］. 水力发电，2008，34（11）：88-97.

［3］ 张斯迪，刘毅. 我国风力发电的应用前景［J］. 商界，2006（10）：67-68.

［4］ 陈耀财，安贞基. 沿岸及内陆风机塔筒的防腐涂料与涂装体系［J］. 上海涂料，2010，48（2）：34-37.

［5］ 王立，武小军，王进忠，等. 风力发电机塔筒防腐涂料的研制与施工［J］. 现代涂料与涂装，2009，2（12）：11-14.

［6］ 任翀，张巍，张富全. 巨型风力发电机塔架静动力学性能分析与研究［J］. 机电工程技术，2009，9（3），65-67.

［7］ 水电水利规划设计总院. 风电机组地基基础设计规定：FD003—2007［S］. 北京：中国水利水电出版社，2007.

［8］ 甘肃省质量技术监督局. 风电塔架制造安装检验验收规范：DB62/T 1938—2010［S］. 2010.

［9］ 李岗，朱增兵，方寒梅. 风力发电机塔架制造工艺分析［J］. 西北水电，2010（6）：47-49.

［10］ 中华人民共和国质量监督检验检疫总局，中国国家标准化管理委员会. 风力发电机组塔架：GB/T 19072—2010［S］. 北京：中国标准出版社，2010.

［11］ Germanischer Lloyd Wind Engie GmbH. Guideline for the Certification of Wind Turbines，IV-1_2004［S］. Hamburg：Germanischer Lloyd WindEnergie GmbH；Uetersen：Heydorn Druckerei und Verlag，2004.

［12］ 邹良浩，梁枢果，邹垚，等. 格构式塔架风载体型系数的风洞试验研究［J］. 特种结构，2008，5：41-43.

［13］ American Society of Civil Engineers. Minimum Design Loads for Building and other structure［S］. New York：ASCE，2010.

［14］ 李娟. 水平轴风力发电机组钢管塔架风致响应分析［D］. 济南：山东大学，2009.

［15］ 侯延泽. 单桩风机灌浆套管连接段受力分析及公式验证［D］. 天津：天津大学，2015.